高等职业教育科普教育系列教材

U0656099

智能制造 概论

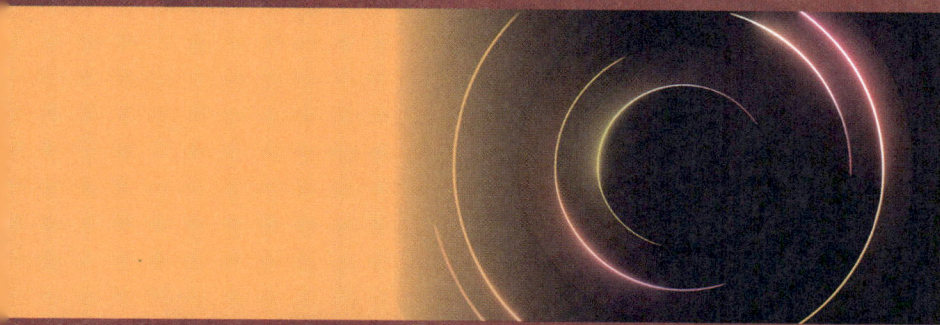

丛书主编 ◎ 沈言锦

本书主编 ◎ 陈强 李湾

本书副主编 ◎ 胡艳华 赵橄培 王嵘

机械工业出版社
CHINA MACHINE PRESS

本书共分 6 章，分别为智能制造的发展历程、智能制造系统架构与基本理念、智能制造核心技术、智能制造技术融合、智能工厂与智能生产、智能制造的应用，旨在帮助读者掌握智能制造的基础理论和关键技术，了解智能工厂和智能生产的构建及实现场景，树立智能制造新思维。

　　本书适合作为高等职业院校智能制造工程、机械工程及相关专业开设的智能制造概论、智能制造导论、智能制造基础等课程的教材，也可作为对智能制造感兴趣的读者的科普通识读物。

　　本书配有微课视频，读者扫描书中二维码，即可观看。

　　为方便教学，本书配有电子课件、习题及答案等数字资源，使用本书作为授课教材的教师可登录机械工业出版社教育服务网（www.cmpedu.com）下载，也可来电（电话：010-88379375）咨询。

图书在版编目（CIP）数据

智能制造概论 / 陈强，李湾主编. —北京：机械工业出版社，2023.12（2024.8重印）
高等职业教育科普教育系列教材 / 沈言锦主编
ISBN 978-7-111-75022-2

Ⅰ.①智…　Ⅱ.①陈…　②李…　Ⅲ.①智能制造系统 – 高等职业教育 – 教材
Ⅳ.①TH166

中国国家版本馆CIP数据核字（2024）第003041号

机械工业出版社（北京市百万庄大街22号　邮政编码100037）
策划编辑：杨晓昱　　　　　责任编辑：杨晓昱
责任校对：张　征　梁　静　　封面设计：马精明
责任印制：张　博
北京建宏印刷有限公司印刷
2024年8月第1版第4次印刷
184mm×260mm · 10.25印张 · 164千字
标准书号：ISBN 978-7-111-75022-2
定价：49.00元

电话服务　　　　　　　　　网络服务
客服电话：010-88361066　　机　工　官　网：www.cmpbook.com
　　　　　010-88379833　　机　工　官　博：weibo.com/cmp1952
　　　　　010-68326294　　金　书　网：www.golden-book.com
封底无防伪标均为盗版　机工教育服务网：www.cmpedu.com

前　言

中共中央办公厅、国务院办公厅印发的《关于新时代进一步加强科学技术普及工作的意见》指出，"科学技术普及（以下简称科普）是国家和社会普及科学技术知识、弘扬科学精神、传播科学思想、倡导科学方法的活动，是实现创新发展的重要基础性工作"，并要求"高等学校应设立科技相关通识课程，满足不同专业、不同学习阶段学生需求，鼓励和支持学生开展创新实践活动和科普志愿服务""强化职业学校教育和职业技能培训中的科普。弘扬工匠精神，提升技能素质，培育高技能人才队伍"。

党的二十大报告进一步提出加强国家科普能力建设，将科普作为提高全社会文明程度的重要举措。

为了落实党的二十大精神和《关于新时代进一步加强科学技术普及工作的意见》的文件精神，强化高职院校的科普教育，湖南省多家高职院校、研究机构共同编写出版高等职业教育科普教育系列教材，本书为该系列教材之一。

党的二十大报告明确提出"坚持把发展经济的着力点放在实体经济上，推进新型工业化，加快建设制造强国、质量强国、航天强国、交通强国、网络强国、数字中国。"智能制造是推进新型工业化的重要突破口和着力点。智能制造能够提高生产效率、提升产品质量、实现个性化定制、优化资源配置、推动绿色环保、促进产业升级、创造新的就业机会、实现人才结构优化，进而加快推进中国工业的五个转型升级，实现工业的数字转型与智能化升级，使我国制造大国的地位进一步巩固。

本书共分6章，分别为智能制造的发展历程、智能制造系统架构与基本理念、智能制造核心技术、智能制造技术融合、智能工厂与智能生产、智能制造的应用，旨在帮助读者掌握智能制造的基础理论和关键技术，了解智能工厂和智能生产的构建及实现场景，树立智能制造新思维。

本书编写遵循下列 4 个要点：①以深入浅出的方式，激发读者崇尚科学、探索未知的兴趣，促进其科学素质的提高；②介绍基本概念或解释原理框架，让读者能切实理解和掌握智能制造技术的基本原理及相关应用知识；③提供浅显易懂的案例，善用学习金字塔的学习效能要求，便于读者采用多元学习方式；④每章设置了难度适中的思考与练习题，让读者在练习后能够更自信地建构智能制造的基本观念与技术框架。

本书内容力求突出通识性和实用性，便于教学。成渝 AI 智能视觉检测服务应用与示范、沈阳机床"终端＋云端＋商业模式"、三一重工 18 号工厂等案例都展示了中国式现代化的生机活力与美好未来。

本书适合作为高等职业院校智能制造工程、机械工程及相关专业开设的智能制造概论、智能制造导论、智能制造基础等课程的教材，也可作为对智能制造感兴趣的读者的科普通识读物。感谢湖南省教育科学研究院、湖南汽车工程职业学院、湖南九嶷职业技术学院、永州职业技术学院、长沙环境保护职业技术学院等研究机构和院校对本书编写给予的大力支持。

由于编者水平有限，书中难免存在缺陷和不足，请读者不吝指正。

编　者

目　录

第 4 章 智能制造技术融合

第 5 章 智能工厂与智能生产

第 6 章 智能制造的应用

01

第 1 章
智能制造的发展历程

知识目标

- 了解智能制造的概念，熟悉智能制造的发展历程。
- 了解国内外智能制造发展概况，熟悉"新型工业化"的内容。
- 了解智能制造业的机遇与挑战。

科普素养目标

- 通过了解智能制造的发展历程，学会主动追根溯源。
- 通过对国内外智能制造发展的了解，扩大视野。
- 通过对我国新型工业化发展进程的了解，培养爱国主义情怀。

　　智能制造是 21 世纪以来工业制造业的重要发展方向，它采用信息、智能化和物联网等新技术，实现了生产过程的数字化、网络化、智能化和柔性化，提高了制造业的效率和质量。

　　2015 年，我国提出了"中国制造 2025"计划，旨在加快推动制造业向智能化、绿色化、服务化转型。随后，各地政府纷纷出台相关政策和规划，鼓励和支持智能制造的发展。这些政策的出台，为智能制造的发展提供了政策保障和市场环境。

　　2022 年，党的二十大报告明确提出"坚持把发展经济的着力点放在实体经济上，推进新型工业化，加快建设制造强国、质量强国、航天强国、交通强国、网络强国、数字中国。"

微课 1

1.1　智能制造概念的产生

　　如图 1-1 所示，工业 1.0 是蒸汽机时代，工业 2.0 是电气时代，工业 3.0 是信息时代，而工业 4.0 其实就是"互联网 + 制造业"，也就是智能时代。

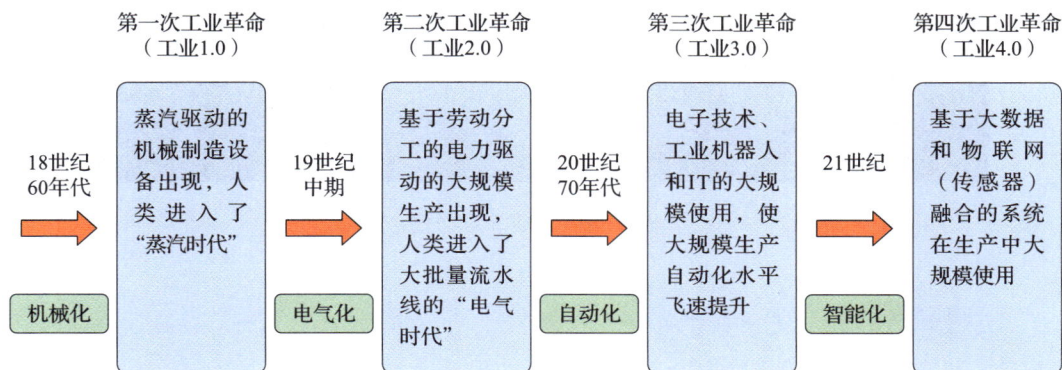

第一次工业革命（工业1.0）	第二次工业革命（工业2.0）	第三次工业革命（工业3.0）	第四次工业革命（工业4.0）

18世纪60年代 → 蒸汽驱动的机械制造设备出现，人类进入了"蒸汽时代"　机械化

19世纪中期 → 基于劳动分工的电力驱动的大规模生产出现，人类进入了大批量流水线的"电气时代"　电气化

20世纪70年代 → 电子技术、工业机器人和IT的大规模使用，使大规模生产自动化水平飞速提升　自动化

21世纪 → 基于大数据和物联网（传感器）融合的系统在生产中大规模使用　智能化

图 1-1　工业发展的四个阶段

1.1.1 工业 1.0 时代

第一次工业革命是工业发展史上的一次巨大革命，指的是 18 世纪 60 年代从英国发起的技术革命，开创了以机器生产代替手工劳动的时代。此次革命的标志是工作机的诞生和蒸汽机被广泛作为动力机使用，如图 1-2 所示。这次技术革命和与之相关联的社会关系的变革，被称为第一次工业革命或者产业革命。

第一次工业革命使工厂制得到广泛推广，从而逐步代替了传统的手工工场，用机器生产代替了手工劳动。从社会关系来说，工业革命使工业资产阶级和工业无产阶级形成和壮大起来，而依附于落后生产方式的自耕农阶级渐渐消失了。

这场技术革命本质上是从生产领域产生的变革，这次变革需要提供强有力的动力支持，而蒸汽机的改良为机器的普及以及大工厂制的建立奠定了坚实的技术基础，开创了以机器代替手工劳动的时代。

图 1-2　工业 1.0 时代

1.1.2 工业 2.0 时代

第二次工业革命是指 19 世纪中期，欧洲国家和美国、日本的资产阶级革命或改革的完成促进了经济的发展，此次革命强调电力驱动产品的大规模生产，并开创了产品批量生产的新模式，人类进入"电气时代"，如图 1-3 所示。

在第二次工业革命中出现的新兴工业如电力工业、化学工业、石油工业和汽车工业等，都要求实行大规模的集中生产，垄断组织应运而生。垄断组织的出现，使企业的规模进一步扩大，劳动生产率进一步提高。控制垄断组织的大资本家为了攫取更多的利润，越来越多地干预国家的经济、政治生活，资本主义国家逐渐成为垄断组织利益的代表者。垄断组织还跨越国界，形成国际垄断集团，要求从经济上瓜分世界，促使各资本主义国家加紧了对外侵略扩张的步伐。

图 1-3　工业 2.0 时代

1.1.3　工业 3.0 时代

第三次工业革命始于 20 世纪 70 年代并一直延续到现在，以原子能、电子计算机、空间技术和生物工程的发明和应用为主要标志，是涉及信息技术、新能源技术、新材料技术、生物技术、空间技术和海洋技术等诸多领域的一场信息控制技术革命，如图 1-4 所示。第三次工业革命不仅极大地推动了人类社会经济、政治、文化领域的变革，还影响了人类生活方式和思维方式，是人类文明史上继蒸汽技术革命和电力技术革命之后科技领域里的又一次重大飞跃。

图 1-4　工业 3.0 时代

1.1.4　工业 4.0 时代

被称为第四次工业革命的"工业 4.0"概念最早出现在德国，2013 年 4 月在汉诺威工业博览会上正式推出，其核心是实现"互联网＋制造业"的智能生产，通过互联网、大数据、人工智能等技术，将设计、生产、销售等环节数字化和智能化，从而生产出高度灵活的个性化和数字化的产品和服务，如图 1-5 所示。工业 4.0 不仅可以提高制造企业的效率和质量，还可以创造新型商业模式，满足消费者的多样化需求。工业 4.0 主要有以下几个特点。

1）互联：互联工业 4.0 的核心是连接，要把设备、生产线、工厂、供应商、产品和客户紧密地联系在一起。

2）数据：工业 4.0 连接的是产品数据、设备数据、研发数据、工业链数据、运营数据、管理数据、销售数据、消费者数据。

3）集成：工业 4.0 将无处不在的传感器、嵌入式中端系统、智能控制系统、通信设施通过信息物理系统（Cyber-Physical Systems，CPS）形成一个智能网络。通过这个智能网络，使人与人、人与机器、机器与机器、以及服务与服务之间，能够形成互联，从而实现横向、纵向和端到端的高度集成。

4）创新：工业 4.0 的实施过程是制造业创新发展的过程，制造技术、产品、模式、业态、组织等方面的创新将会层出不穷，从技术创新到产品创新，到模式创新，再到业态创新，最后到组织创新。

5）转型：对于传统制造业而言，实际上是从传统的工厂转型到具备工业 4.0 技术的工厂，整个生产形态上，从大规模生产转向个性化定制，整个生产的过程更加柔性化、个性化、定制化。

图 1-5　工业 4.0 时代

1.1.5　智能制造的概念

智能制造（Intelligent Manufacturing，IM）是一种由智能机器和人类专家共同组成的人机一体化智能系统，它在制造过程中能进行智能活动，诸如分析、推理、判断、构思和决策等。通过人与智能机器的合作共事，去扩大、延伸和部分地取代人类专家在制造过程中的脑力劳动。它把制造自动化的概念更新，扩展到柔性化、智能化和高度集成化。

由于每一位客户的需求不同，个性化或定制的产品不可能大批量生产，所以智能制造必须解决的第一个问题就是：单件小批量生产如何才能达到类似于大规模生产的效率和成本？而一家能够提供高品质和个性化产品的智能工厂的构建，就是以生产技术、环境和社会 / 人三方面和谐为前提的。

智能制造系统（IMS）

智能制造系统（Intelligent Manufacturing System，IMS）是 1988 年日本通产省（MITI）提出的一种智能制造方案，1989 年形成了一份国际合作项目正式文件，目的是在 21 世纪全球化的大趋势下，通过国际合作共同研发新一代制造系统，迎接新世纪全球变化的挑战。智能制造系统项目对未来工厂的定义，大体上已经涵盖了当今智能制造的主要内容。智能制造系统项目得到了日本、美国、欧盟、韩国、瑞士、墨西哥等国家和组织的大力支持，数百家企业、高校和研究机构参与其中，持续不断地促进了智能制造系统的开发与应用。

微课 2

1.2 智能制造发展的三个阶段

自动化和智能化是制造业不断发展的重要方向，它们的发展不仅提高了生产效率和质量，也使得制造业更加智能化和自动化，为实现智能制造打下了坚实的基础。智能制造的发展历程可以分为三个阶段。

第一个阶段是自动化生产。自动化生产是工业生产的基础，通过机械化设备、自动控制技术和传感器等技术手段，实现生产过程的自动化。自动化生产的发展使生产效率得到了大幅提升，但是仍然存在生产过程中需要人工干预的问题。

第二个阶段是智能化生产。智能化生产是在自动化生产基础上，通过信息技术和人工智能技术的应用，实现生产过程的智能化和自适应。智能化生产的出现，进一步提高了生产效率，同时更好地满足了市场对于个性化、高品质和小批量生产的需求。

第三个阶段是数字化生产。数字化生产是在智能化生产基础上，通过数字化技术、虚拟仿真技术和物联网技术等手段，实现生产全生命周期的数字化和智能化。

数字化生产的出现，让生产过程变得更加灵活、高效和智能化，还可以实现对生产过程的全面监控和优化。

未来，随着人工智能和其他新技术的不断发展，智能制造将会不断向更高的层次和更广泛的领域发展。

微课 3　微课 4　微课 5

1.3 智能制造的国内外发展概况

1.3.1 德国"工业 4.0"

随着新一轮技术浪潮的到来以及国际科技竞争的加剧，作为工业化强国，德国敏锐地感觉到新机遇、新挑战，为此及时制定并推进产业发展创新战略——"工业4.0"。德国主要从如下几个方面采取举措来推进实施"工业 4.0"。

（1）建立指导框架

2013 年 4 月，德国机械及制造商协会等机构设立"工业 4.0 平台"并向德国政府提交了平台工作组的最终报告《保障德国制造业的未来——关于实施工业 4.0 战略的建议》，被德国政府采纳。

自此以后，德国陆续出台了一系列指导性规划框架。如 2014 年 8 月德国政府通过《数字化行动议程（2014—2017）》，旨在加速数字化转型进程，提高德国经济的竞争力。

2016 年德国经济与能源部发布了"数字战略 2025"，旨在推动德国经济的数字化转型。该报告提出了一系列措施，如加强数字基础设施建设、推进人工智能技术应用、加强数据保护等。

2018 年 10 月德国政府发布"高技术战略 2025（HTS2025）"，明确了德国未来7 年研究和创新政策的跨部门任务、标志性目标以及微电子、材料研究与生物技术、人工智能等领域的技术发展方向、培训和继续教育紧密衔接的重点领域、创建创新机构（跨越创新署），并通过税收优惠支持研发。

（2）推进数字化进程

数字化是指将物理世界中的信息转换为数字信号，并对其进行处理、存储、传输和展示等操作。数字化技术是"工业4.0"实现的基础和关键技术之一。它可以将生产过程中产生的各种数据进行采集、处理和分析，并将其转换为有价值的信息。这些信息可以帮助企业更好地了解生产过程中存在的问题，并及时采取措施进行调整和优化。只有数字化进程得到推进，未来生产网络才能得以建立。

德国政府在2017年发布了"数字平台"白皮书，制定"数字化的秩序政策"，旨在推动数字化转型进程，加速德国经济的数字化转型。德国"工业4.0"强调利用信息技术和制造技术的融合，来改变当前的工业生产与服务模式，既能使生产和交付更加灵活，又有助于提高能源利用效率，优化人才结构。

德国企业通过建立健全知识和技术转化机制，加速创新成果的商业化；通过广泛应用嵌入式软件，使产品具有记忆、感知、计算等功能。通过产品的智能化，大幅度提升产品附加值；通过互联网掌握已售产品的运行状态，帮助客户更好地使用产品，为客户创造新的价值，并进行预防性维护；同时，还通过这个系统采集产品运行过程中的各种数据，辅助产品进行升级换代，促进新产品的开发，以及其他市场经营行为的决策。

科普小百科

最接近工业4.0的智能制造工厂是什么样子的？

德国工业巨头西门子旗下的安贝格工厂创建于1989年，是欧洲乃至全球最先进的数字化工厂，被业界认为是最接近工业4.0概念雏形的工厂。安贝格工厂采取了结构化、精益化的数字工厂策略，部署了智能机器人、人工智能工艺控制和预测维护算法等技术，在产品复杂性翻倍、电力和资源消耗量不变的情况下，将工厂产量增加了40%。该工厂拥有高度数字化的生产流程，能灵活实现小批量、多批次生产，每100万件产品中残次品仅为10余件，生产线可靠性达到99%，可追溯性高达100%。

（3）推进智能制造

智能制造是"工业 4.0"的核心，它通过嵌入式的处理器、存储器、传感器和通信模块，把设备、产品、原材料、软件联系在一起，使得产品和不同的生产设备能够互联互通并交换命令。除了产品和机器的互联外，"工业 4.0"还将在未来实现工厂、消费者、产品、信息数据的互联，最终实现万物互联，从而重构整个社会的生产方式。

（4）打造标准化

"工业 4.0"战略的落实需要把各种不同产业领域及环节之间的隔阂打通，实现关键技术术语、规格标准等联机语言的统一化和标准化。统一的标准是德国"工业4.0"得以实现的基本保障。为了保障"工业 4.0"的顺利实现，德国把标准化排在第一位。德国在政府、协会、企业等合作的基础上，制定了 8 项优先行动计划，其中将标准化排在 8 项计划的首位。

继 2013 年 12 月德国电气电子和信息技术协会发布首个"工业 4.0"标准化路线图，就"工业 4.0"涉及的技术标准和规格为所有参与方提供一个概览和规划基础之后，德国工业界与标准化领域权威机构于 2016 年共同宣布设立"'工业 4.0'标准化理事会"，提出"工业 4.0"数字化产品相关标准并协调其在德国和全球范围内落地。德国正是通过标准的推广和应用，使得技术创新得以迅速扩散，并转化为现实的生产力提升。

（5）完善人才培养

培养人才是实施"工业 4.0"的重要环节，也是企业发展的核心要素。在实施"工业 4.0"战略中，数字化的日益普及极大地改变了现有生产内容与工艺流程，并对劳动者的知识技能和工作习惯提出新的要求。因此，工业技师需要更强的协调和领导能力。德国技师培训也进行了相应变革，重点培养工业技师生产流程优化、新产品研发成本评估、企业人员规划及培训等能力。

（6）强化创新合作

实施"工业 4.0"战略需要巨大的资金支持。为此，德国政府、各州政府、政策性银行和大型企业设置了高科技创业基金，对实施"工业 4.0"的创新型企业研发给予风险投资支持。

除此之外，德国还积极拓展与欧盟及其他国家的教育与科技合作。比如，2017年6月，德国"工业4.0"应用平台、法国未来工业联盟和意大利国家"工业4.0"计划三家机构就生产数字化开展三方合作行动方案达成一致；2017年，德国联邦教育及研究部为国际合作投入超过8.5亿欧元；2018年1月1日，德国联邦经济合作与发展部发布新修订的中小企业创新核心计划（ZIM）即"国际化模式探索"项目。

1.3.2 美国"先进制造"

2022年10月7日，美国政府发布了2022版《先进制造业国家战略》，与2018年版相比，该战略突出强调了为美国制造业注入新活力的重要性以及构建制造业供应链弹性的紧迫性。该战略指出，美国仍是先进技术的领导者，但在一些高科技制造领域的生产能力以及就业吸纳能力急剧下降。因此，该战略提出了美国在先进制造领域的愿景和目标，包括开发和实施先进制造技术、发展先进制造业劳动力和加强制造业供应链韧性等三个互相关联的目标。该战略还确定了未来四年的11项战略方向及相关技术方案建议，涉及清洁和可持续制造、微电子和半导体制造、生物制造、新材料和新加工技术、智能制造等领域。该战略旨在促进美国的经济增长、创造高质量的就业机会、增强环境可持续性、应对气候变化、加强供应链韧性、确保国家安全并改善医疗保健条件。

科普小百科

美国的"先进制造"战略和德国的"工业4.0"的区别

1. 政策目标

美国的"先进制造"战略的政策目标是提高美国在全球科技领域的竞争优势和领导地位，通过创新和投资来推动清洁能源、微电子、生物经济、新材料、智能制造等领域的发展，同时应对竞争对手的挑战和威胁。

德国的"工业4.0"的政策目标是提高德国制造业的效率和质量，通过数字化和智能化来实现物联网、大数据、云计算、人工智能等技术在制造业中的应用，同时应对全球市场变化的需求。

2. 政策主体

美国的"先进制造"战略是由政府主导，以总统办公室和总统科技顾问委员会为核心，指导和支持先进制造业的发展。

德国的"工业 4.0"是由企业主导，以西门子为代表，提出"工业 4.0"的概念和方案，同时得到政府的支持和配合，发布了《创新为德国——高新科技战略》，作为国家层面的指导方针。

3. 政策内容

美国的"先进制造"战略涉及多个领域，包括清洁能源、微电子、生物经济、新材料、智能制造等，其中最具代表性的是工业互联网，即利用物联网、大数据、云计算等技术，将人、数据和机器连接起来，形成开放的、全球化的工业网络。

德国的"工业 4.0"主要关注制造业领域，包括物联网、大数据、云计算、人工智能等技术在制造业中的应用，其中最具代表性的是智能工厂，即利用物联网、大数据、云计算等技术将生产中的供应、制造、销售信息数据化和智能化，实现快速、有效、个性化的产品供应。

4. 政策效果

美国的"先进制造"战略在一定程度上提升了美国在全球科技领域的竞争力和领导地位，推动了清洁能源、微电子、生物经济、新材料、智能制造等领域的创新和发展，同时也增强了美国在供应链安全和韧性方面的主动权和优势。

德国的"工业 4.0"在一定程度上提升了德国制造业的效率和质量，实现了物联网、大数据、云计算、人工智能等技术在制造业中的应用，同时也满足了全球市场变化的需求。

1.3.3 英国"先进制造"

英国是全球现代工业革命的"摇篮"，第一次工业革命就发源于英国，制造业在英国经济中占有重要地位。制造业曾经给英国带来 300 多年的经济繁荣，但 20 世纪 80 年代以来，英国开始推行"去工业化"战略，不断缩减钢铁、化工等传统制造业的发展空间，将汽车等许多传统产业转移到劳动力及生产成本相对低廉的发展中国家，集中精力发展金融、数字创意等高端服务业。

2008 年国际金融危机爆发后，英国 GDP 一度转向负增长，让英国政府意识到以金融为核心的服务业无法持续保持国际竞争力，于是开始探索重振制造业，并将制造业复苏作为英国经济发展的重中之重，相继颁布了一系列扶持政策。随着政策效果不断显现，英国制造业逐步缓慢复苏。

为保持和强化先进制造业的国际领先优势，英国政府近年来先后出台了一系列产业扶持政策，主要集中在以下几个方面。

1）促进制造业回流。金融危机使过度依赖虚拟经济的英国受到巨大冲击，英国政府意识到只有同时抓好实体经济，才能稳定经济发展，于是"重振制造业"被提上日程。

2）对科研、技术、基础设施等予以资金支持。2014 年 12 月，英国政府发布了《我们的成长计划：科学和创新》政策报告，提出要加强科技人才的培养，加大对英国科技基础设施的投资力度，支持创新研究和转化，积极参与全球科技创新。

3）鼓励制造业向价值链高端跃升。英国政府 2008 年推出"高价值制造"战略，其目的是扶持英国本土高价值制造业的发展；2012 年，英国技术战略委员会的"创新英国"项目发布题为《高价值制造战略 2012—2015》的报告，确定了高价值制造业创新的五大重点领域，包括资源效率、制造业体系、新材料与制造业技术融合、制造业工艺与新型商业模式等。

科普小百科

英国所说的 AM，是什么？

英国所说的 AM（Advanced Manufacturing），不是先进制造业，而是先进制造。一个有"业"，一个无"业"，一字之差，内涵迥异。带"业"字，指的是产业；去掉"业"字，指的是方式，强调制造过程和方式的先进，不会与传统制造业形成对比。

1.3.4 我国"新型工业化"

新型工业化作为我国重要的战略部署，自 2002 年首次提出至今已有二十多年。

1. 新型工业化的定义

新型工业化是发展经济学概念，知识化、信息化、全球化、生态化是其本质特征。

新型工业化概念始于 2002 年，即："坚持以信息化带动工业化，以工业化促进信息化，走出一条科技含量高、经济效益好、资源消耗低、环境污染少、人力资源优势得到充分发挥的新型工业化路子。"

新型工业化是现代化的必由之路，加快建设现代化产业体系是高质量发展的首要任务。推进新型工业化是党中央统筹中华民族伟大复兴战略全局和世界百年未有之大变局做出的重要决策部署。

2. 新型工业化的"新"特征

1）新的发展目标：产业安全自主可控、产业基础能力高级化、产业竞争力持续提升。

2）新的发展要求：打造以国内大循环为主体、国内国际双循环相互促进的新发展格局，进一步扩大高水平对外开放，进一步融入和引领全球产业链供应链。

3）新的发展模式：发展动力创新化、产业结构高端化、区域布局集群化、产业组织结构协同化。

4）新的发展路径：制造业高质量发展是经济高质量发展的核心内容，也是推进新型工业化、加快建设制造强国的根本路径。

5）新的发展动力：科技创新是新型工业化发展的重要引擎，又是新型工业化的内在要求，坚持以科技创新为引领，将为新型工业化提供不竭动力。

6）新的发展成效：实现产品质量高端化、生产过程集约化、生产效益最大化，有效地带动和扩大人均可支配收入和中等收入群体规模，为实现共同富裕提供重要保障。

3. 我国在智能制造方面取得的成就

由工业和信息化部、国家发展和改革委员会、教育部、科技部等八部门印发的

《"十四五"智能制造发展规划》强调：智能制造是制造强国建设的主攻方向，其发展程度直接关乎我国制造业质量水平。发展智能制造对于巩固实体经济根基、建成现代产业体系、实现新型工业化具有重要作用。

我国已经掌握了部分智能制造技术，如机器人技术、感知技术、复杂制造系统、智能信息处理技术等。以新型传感器、智能控制系统、工业机器人、自动化成套生产线为代表的智能制造装备产业体系初步形成。我国在智能制造方面取得的成就如下。

1）我国制造业数字化具备一定的基础。目前规模以上工业企业在研发设计方面应用数字化工具普及率已经达到54%，生产线上数控装备比重已经达到30%。

2）我国智能制造发展取得长足进步。供给能力不断提升，智能制造装备市场满足率超过50%，主营业务收入超10亿元的系统解决方案供应商达40余家。支撑体系逐步完善，构建了国际先行的标准体系，发布国家标准285项，牵头制定国际标准28项；培育具有行业和区域影响力的工业互联网平台近80个。推广应用成效明显，试点示范项目生产效率平均提高45%、产品研制周期平均缩短35%、产品不良品率平均降低35%，涌现出离散型智能制造、流程型智能制造、网络协同制造、大规模个性化定制、远程运维服务等新模式和新业态。

3）我国智能制造能力成熟度水平稳步提升。2021年数据显示，目前我国69%的规模以上制造业企业处于一级及以下水平，达到二级、三级的制造企业分别占比为15%以及7%，四级及以上制造企业占比达9%。2021年全国制造业智能制造能力成熟度较2020年有所提升，一级及以下的低成熟度企业占比减少6个百分点，三级以上的高成熟度企业数量增加了5个百分点。

思考与练习

【单选题】

1. "互联网＋制造"被称为（　　　），也就是所谓的智能化时代。

    A. 工业 1.0　　　B. 工业 2.0　　　　C. 工业 3.0　　　　D. 工业 .4.0

2. 第三次工业革命始于（　　　）并一直延续到现在，通过电子与信息技术的广泛应用，使得制造过程不断实现自动化。

    A. 20 世纪 70 年代　　　　　　　　B. 20 世纪 80 年代

    C. 20 世纪 90 年代　　　　　　　　D. 20 世纪 60 年代

3. 以（　　　）为标志的信息高速公路正在缩短人类交往的距离。

    A. 信息化　　　B. 全球互联网络　　　C. 电子计算机

【多选题】

1. 智能制造采用信息技术、智能化技术和物联网等新技术，实现了生产过程的（　　　）。

    A. 数字化　　　B. 网络化　　　　C. 智能化　　　　D. 柔性化

2. 我国政府提出"新型工业化"，旨在加快推动制造业向（　　　）转型。

    A. 智能化　　　B. 绿色化　　　　C. 服务化　　　　D. 智慧化

3. 第三次科技革命以（　　　）的发明和应用为主要标志。

    A. 原子能　　　B. 电子计算机　　　C. 空间技术　　　D. 生物工程

【简答题】

1. 简述智能制造是什么。

2. 简述智能化生产的起源。

3. 简述智能制造国内外发展概况。

02

第 2 章
智能制造系统架构与基本理念

知识目标

- 了解智能制造的系统构架，熟悉国家智能制造标准体系。
- 了解智能制造的基本理念，熟悉智能制造个性化定制与维护。
- 熟悉智能制造精益化生产过程。

科普素养目标

- 通过学习智能制造构架，培养科学创新精神。
- 通过学习精益化生产过程，培养精益求精的精神。
- 通过了解绿色制造与人及社会的关系，培养环保再生的理念。

微课6　　微课7　　微课8

2.1　智能制造系统架构

智能制造系统架构（见图2-1）是指从生命周期、系统层级和智能特征等三个维度对智能制造所涉及的活动、装备、特征等内容进行描述，主要用于明确智能制造的标准化需求、对象和范围，指导国家智能制造标准体系建设。

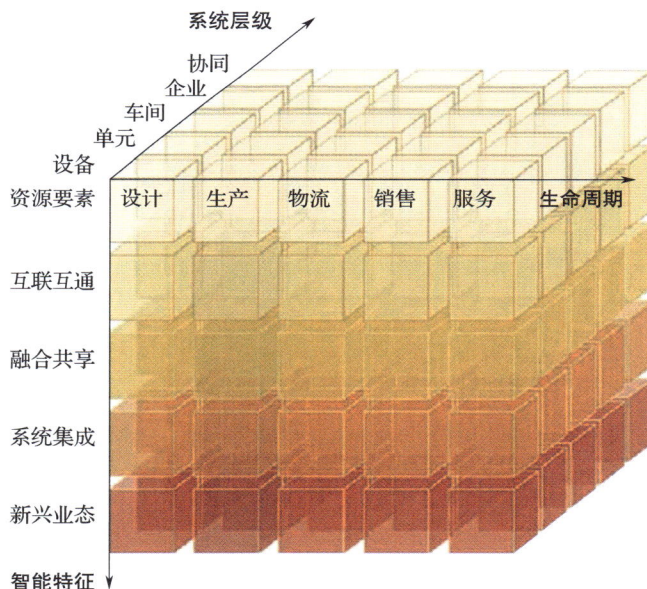

图 2-1　智能制造系统构架

2.1.1　产品生命周期管理系统

产品生命周期（Product Life Cycle）涵盖从产品原型研发到产品回收再制造的各个阶段，包括设计、生产、物流、销售、服务等一系列相互联系的价值创造活动。生命周期的各项活动可进行迭代优化，具有可持续性发展等特点，不同行业的生命周期构成和时间顺序不尽相同。

1）设计是指根据企业的所有约束条件以及所选择的技术来对需求进行实现和优化的过程。

2）生产是指将物料进行加工、运送、装配、检验等活动创造产品的过程。

3）物流是指物品从供应地向接收地的实体流动过程。

4）销售是指产品或商品等从企业转移到客户手中的经营活动。

5）服务是指产品提供者与客户接触过程中所产生的一系列活动的过程及其结果。

产品生命周期管理系统（PLM）是指在产品的整个生命周期内，从产品的创意、设计、生产、使用到报废，对产品的信息进行有效管理和控制的系统。PLM是智能制造系统架构中的一个重要组成部分，它涉及产品生命周期的设计、生产、物流、销售和服务等环节，以及系统层级的设备层、单元层、车间层、企业层和协同层，还有智能特征的资源要素、互联互通、融合共享、系统集成和新兴业态等层级。PLM的主要功能是实现产品数据的集中管理和共享，支持产品创新和协同设计，提高产品质量和效率，降低产品成本和风险，延长产品寿命，满足客户需求。

案 例

达索系统的 3D EXPERIENCE 平台是一个基于云的平台，可以实现产品数据的集中管理和共享，支持产品创新和协同设计，提供虚拟孪生体验，实现物理空间和数字空间的集成与融合，如图 2-2 所示。

**达索系统3D EXPERIENCE平台上的产品生命周期
管理解决方案可促进持续创新**

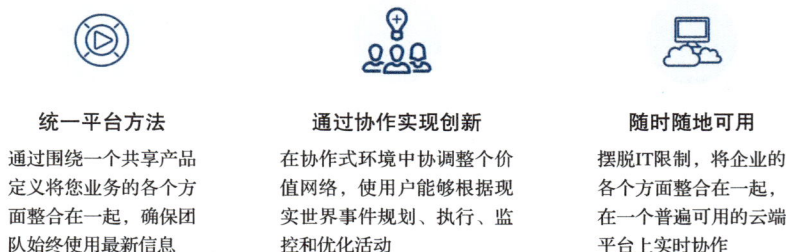

统一平台方法

通过围绕一个共享产品定义将您业务的各个方面整合在一起，确保团队始终使用最新信息

通过协作实现创新

在协作式环境中协调整个价值网络，使用户能够根据现实世界事件规划、执行、监控和优化活动

随时随地可用

摆脱IT限制，将企业的各个方面整合在一起，在一个普遍可用的云端平台上实时协作

图 2-2　达索系统平台的产品生命周期管理解决方案

　　AeroMobil 是一家飞行汽车公司，使用 3D EXPERIENCE 平台来管理其飞行汽车的生命周期，确保合规性，并在物理原型制作之前找到最佳设计。

　　西门子的 PLM 软件是一个面向制造业的综合解决方案，可以实现从概念到生产的全流程管理，支持多学科协作，提供数字化模拟和验证，实现智能制造和数字化工厂。

　　知乎是中文问答社区，使用 PLM 的思想来管理其产品的不同阶段，从引入期到成熟期再到衰退期，根据用户需求和市场变化不断进行功能迭代和优化。

2.1.2　系统层级

　　系统层级是指与企业生产活动相关的组织结构的层级划分，包括设备层、单元层、车间层、企业层和协同层。

　　1）设备层是指企业利用传感器、仪器仪表、机器、装置等，实现实际物理流程并感知和操控物理流程的层级。例如，智能机床、智能机器人、智能传感器等都属于设备层的组成部分。

　　2）单元层是指用于企业内处理信息、实现监测和控制物理流程的层级。例如，工业控制器、工业计算机、工业网络等都属于单元层的组成部分。

　　3）车间层是实现面向工厂或车间的生产管理的层级。例如，制造执行系统（MES）、车间调度系统（WMS）、车间监控系统（WCS）等都属于车间层的组成部分。

　　4）企业层是实现面向企业经营管理的层级。例如，企业资源计划系统（ERP）、供应链管理系统（SCM）、客户关系管理系统（CRM）等都属于企业层的组成部分。

　　5）协同层是企业实现其内部和外部信息互联和共享，实现跨企业间业务协同的层级。例如，云平台、大数据平台、物联网平台等都属于协同层的组成部分。

案例

海尔"1+7"并联平台

　　海尔互联工厂是一个典型的智能制造案例，它涵盖了市场、研发、采购、制造、物流、服务等全流程，构建了"1+7"并联平台。

设备层：海尔利用智能机床、智能机器人、智能传感器等设备，实现了产品的精准加工、自动装配、在线检测等功能。

单元层：海尔利用工业控制器、工业计算机、工业网络等设备，实现了设备的远程监控、数据采集和分析、故障诊断和预警等功能。

车间层：海尔利用制造执行系统（MES）、车间调度系统（WMS）、车间监控系统（WCS）等实现了生产计划的下达和执行、生产过程的可视化和优化、生产质量的保障和提升等功能。

企业层：海尔利用企业资源计划系统（ERP）、供应链管理系统（SCM）、客户关系管理系统（CRM）等实现了企业财务管理、人力资源管理、库存管理、物流管理等功能。

协同层：海尔利用云平台、大数据平台、物联网平台等实现了与用户、供应商、合作伙伴等多方的信息交换和资源共享，推进协同研发、协调生产、精准物流等功能。

2.1.3 智能特征

智能特征是指制造活动具有的自感知、自决策、自执行、自学习、自适应之类功能的表征，包括资源要素、互联互通、融合共享、系统集成和新兴业态共五层智能化要求。

1）资源要素是指企业从事生产时所需要使用的资源或工具及其数字化模型所在的层级。

2）互联互通是指通过有线或无线网络、通信协议与接口，实现资源要素之间的数据传递与参数语义交换的层级。

3）融合共享是指在互联互通的基础上，利用云计算、大数据等新一代信息通信技术，实现信息协同共享的层级。

4）系统集成是指企业实现智能制造过程中的装备、生产单元、生产线、数字化车间、智能工厂之间，以及智能制造系统之间的数据交换和功能互联的层级。

5）新兴业态是指基于物理空间不同层级资源要素和数字空间集成与融合的数据、模型及系统，建立的涵盖了认知、诊断、预测及决策等功能，且支持虚实迭代优化的层级。

不同行业和领域的智能制造实践

造纸业：晨鸣集团利用工业控制器、工业计算机、工业网络等设备，实现了设备的远程监控、数据采集和分析、故障诊断和预警等功能，提高了生产效率和质量。

酿酒业：茅台集团利用云平台、大数据平台、物联网平台等，实现了与用户、供应商、合作伙伴等多方的信息交换和资源共享，推进协同研发、协调生产、精准物流等功能，提升了用户体验和市场竞争力。

饮品业：娃哈哈集团将自主开发的多种规格的工业机器人应用于饮料生产线中的物料添加、装箱码垛等工序，大大降低了生产线员工的劳动强度、提高了效率，不断向"无人工厂"的目标迈进。

家电业：海尔集团利用 COSMOPlat 平台，实现了用户和员工的融合。COSMOPlat 平台是海尔自主研发、拥有中国特色的自主产权平台，其核心就是把社区生态、企业和资源连接起来，构建成一个工业新生态，这个新生态能够实现用户的最佳体验，实现用户的终身价值。

电池业：天能集团利用柔性智能制造平台和大数据云驱动平台，实现了从接收订单，到安排供应、生产与发货计划，再到质量追溯、成本核算、财务结算全过程的系统化与信息化。同时，还通过设备管理、设备利用、设备维护保养等方面大力打造数字化车间，实现各工序数字化全覆盖。

海尔互联工厂的智能特征

从智能特征的体现和运作的角度来看，海尔互联工厂的智能特征主要体现在以下几个方面。

大规模定制：海尔互联工厂通过交互定制平台，实现了用户和企业的零距离交互，用户可以根据自己的需求和喜好定制产品和智慧生活场景，互联工厂可以快速响应用户的需求，并根据订单驱动生产制造。这样既提高了用户满意度，又降低了库存和成本。

开放创新：海尔互联工厂通过开放创新平台，实现了全球20万网络资源和用户的零距离交互，利用云计算、大数据等技术进行创意转化和迭代式研发，提高了产品的创新性和质量。

模块采购：海尔互联工厂通过模块采购平台，实现了一流资源无障碍进入，与用户需求零距离交互，事前协同设计，从采购零件到交互模块化解决方案，快速提供个性需求解决方案。

智慧生活：海尔互联工厂通过智慧生活平台，实现了从硬件到网器到生态圈的转型，构建多样场景商务模式，提供智慧生活一站式服务，实现生态圈利益方共创共赢。每一个产品都成为"网器"，每一个解决方案都融合进一个统一平台，与用户实现智能化交互和服务。

物联网：物联网是实现人、机、物等互联的基础技术，它通过传感器、通信网络、数据中心等设备和系统，实现数据的采集、传输、存储、分析和应用。物联网使得海尔互联工厂可以实时监控和控制设备、产品、物流等各个环节的状态和参数，提高效率和质量。

大数据：大数据是实现数据分析和优化的核心技术，它通过数据挖掘、机器学习、人工智能等方法，对海量数据进行处理和分析，提取有价值的信息和知识。大数据使得海尔互联工厂可以根据用户需求、市场变化、生产状况等进行智能决策和优化，提升产品的创新性和竞争力，增强用户的体验和忠诚度。

云计算：云计算是实现数据存储和服务的关键技术，它通过虚拟化、分布式、弹性等技术，将计算资源和服务部署在云端，实现按需使用和按量付费。云计算使得海尔互联工厂可以实现数据的安全存储和共享，以及各种应用的快速部署和运行，降低成本和风险，提高效率和灵活性。

人工智能：人工智能是实现数据智能化的重要技术，它通过深度学习、自然语言处理、计算机视觉等技术，使计算机具有类似人类的智能功能。人工智能使得海尔互联工厂可以实现产品的智能设计、制造、检测、维修等，以及用户的智能交互、服务、推荐等，提高品质和效果，增加价值和吸引力。

▶ 微课 9　　▶ 微课 10　　▶ 微课 11

2.2　智能制造的基本理念

2.2.1　绿色制造与人及社会

20 世纪高速发展的工业经济给人类带来了高度发达的物质文明，同时也带来了一系列严重的环境污染问题，如温室气体、雾霾和水污染（见图 2-3），制约了人类社会的可持续发展。

a）温室气体　　　　　　　b）雾霾　　　　　　　c）水污染

图 2-3　环境污染

绿色制造，又称为环境意识制造或面向环境的制造，最早起源于 20 世纪 30 年代，到 1996 年才由美国工程师学会（SME）比较系统地提出"绿色制造"的概念。20 世纪 90 年代以来，绿色制造技术在绿色浪潮和可持续发展思想的推动下，迅速发展并在众多国家和地区得到了广泛的应用。图 2-4 是绿色制造工厂示意图。

绿色制造是一个综合考虑环境影响和资源效率的现代制造模式，其目标是使得产品从设计、制造、包装、运输、使用到报废处理的整个周期内，对环境的影响（负面影响）为零或者极小，资源消耗尽可能小，并使企业的经济效益和社会效益协调优化。

图 2-4　绿色制造工厂示意图

2021 年，工业和信息化部印发《"十四五"工业绿色发展规划》，提出"十四五"期间工业绿色发展的总体思路，要求以碳达峰碳中和目标为引领，统筹发展与绿色低碳转型，深入实施绿色制造，大力推进工业节能降碳，全面提高资源利用效率，积极推行清洁生产改造，提升绿色低碳技术、产品和服务供给能力。明确了碳排放强度和污染物排放强度下降、能源效率和资源利用水平提升、完善绿色制造体系等发展目标。

2022 年 8 月，工业和信息化部、国家发展和改革委员会、生态环境部发布《工业领域碳达峰实施方案》（以下简称《方案》）。《方案》要求，深度调整产业结构，推动产业结构优化升级，坚决遏制高耗能高排放低水平项目盲目发展，大力发展绿色低碳产业。深入推进节能降碳，把节能提效作为满足能源消费增长的最优先来源，大幅提升重点行业能源利用效率和重点产品能效水平，推进用能低碳化、智慧化、系统化。积极推行绿色制造，完善绿色制造体系，深入推进清洁生产，打造绿色低碳工厂、绿色低碳工业园区、绿色低碳供应链，通过典型示范带动生产模式绿色转型。大力发展循环经济，优化资源配置结构，充分发挥节约资源和降碳的协同作用，通过资源高效循环利用降低工业领域碳排放。加快工业绿色低碳技术变革，推进重大低碳技术、工艺、装备创新突破和改造应用，以技术工艺革新、生产流程再造促进工业减碳去碳。主动推进工业领域数字化转型，推动数字赋能工业绿色低碳转型，强化企业需求和信息服务供给对接，加快数字化低碳解决方案应用推广。

党的二十大报告提出，"推动经济社会发展绿色化、低碳化是实现高质量发展的关键环节。"这是立足我国进入全面建设社会主义现代化国家、实现第二个百年奋斗目标的新发展阶段的战略选择，必须牢固树立和践行"绿水青山就是金山银山"的理念，站在人与自然和谐共生的高度谋划发展。"加快推动产业结构、能源结构、交通运输结构等调整优化"，意味着在今后的生态环境保护工作中要持续在结构调整上下功夫，进一步调整优化产业布局，大力发展绿色低碳和生态产品产业。同时，坚决把好高耗能高排放项目准入关口，依法依规淘汰落后产能和化解过剩产能，不断壮大节能环保产业，推进基础设施绿色低碳升级，提供绿色低碳服务等。

2.2.2　个性化定制与维护

1. 个性化定制的定义

个性化定制是指基于新一代信息技术和柔性制造技术，以模块化设计为基础，以接近大批量生产的效率和成本提供能满足客户个性化需求的一种智能服务模式。区别于大规模定制，个性化定制更加注重消费者的全程参与。

如图 2-5 所示，制造业在经历了手工生产、机器生产、大规模生产和大规模定制四个阶段之后，个性化定制成为制造业的一个重要分支。有专家预测，"制造业的

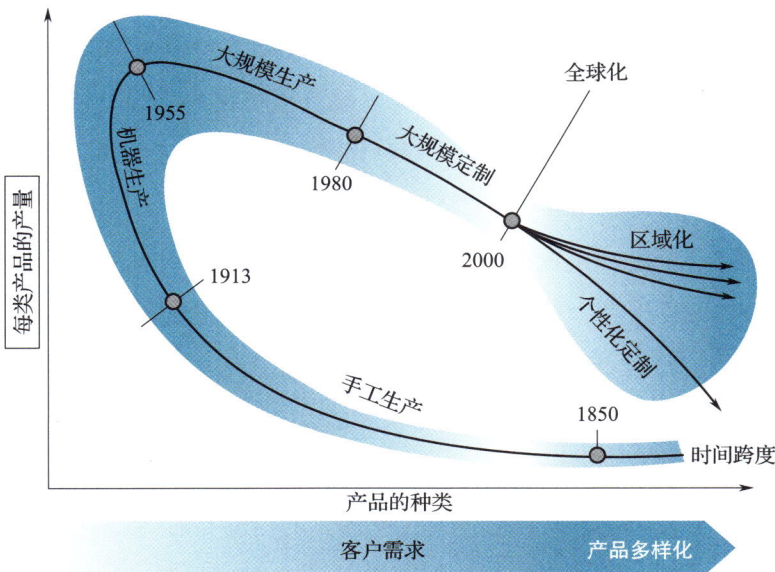

图 2-5　制造业发展流程

明天一半以上的制造为个性化定制"。智能制造时代，随着相关技术的发展，消费者和制造商这种线上与线下的直接沟通，将开启一种新的更适应消费者需求和时代发展的制造模式。

2. 个性化定制的特征

区别于传统的制造模式，个性化定制模式最重要的特征是明确以消费者为中心、由订单驱动进行大规模小批量的生产，它将销售过程前置了。如图 2-6 所示，制造商通过平台与消费者进行信息交互并产生订单，以消费者需求为导向进行产品制造，而不再是传统的先生产后销售。

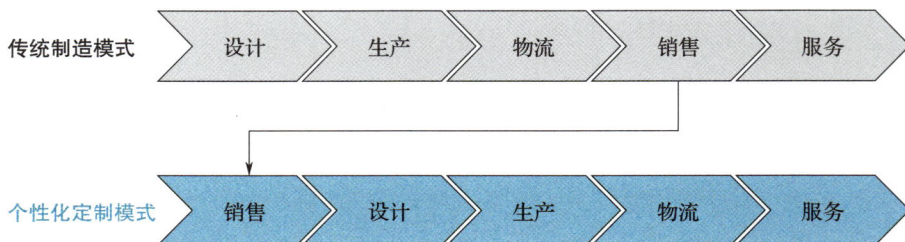

图 2-6　销售前置的大规模个性化定制模式

在工业 4.0 时代，在消费者基于产品属性和功能相关的产品实用性功能诉求不断得到满足后，在精神层面上对来自产品所承载的情感、有别于他人的个性倾向和自我表达有了更高的追求。虽然大规模定制与个性化生产都是为了向客户提供能够满足其需求与偏好的产品。但大规模定制以现有模块化为基础，所以市场上仍存在许多类似产品。在个性化生产模式下，客户与工厂频繁交流沟通，让客户实际参与其产品的需求调研、产品设计、生产等过程。

从消费的意义上看，工业 4.0 就是将原料、生产、加工、运输与消费结为一体的大网，消费者只需要用手机或计算机等下单，网络就会自动将订单以及个性化需求下达到工厂。从本质上看，工业 4.0 就是将信息技术与工业技术深度融合，智慧工厂与智能生产让用户的个性化需求得到满足。工业 4.0 时代的智慧工厂、智慧生产和智慧物流这三大主题都以信息物理系统（Cyber-Physical System，CPS）融合技术为基础。CPS 采用物联网和服务网，实现人的控制在时间、空间等方面的延伸，实现人、机、物的融合，从而实现客户要求和生产制造的实时沟通。最终实现企业的纵向（企业内部人流、信息流、物流、资金流）集成、横向（企业之间的价值链和信息网络）集成和产品的端对端（产品生命周期）集成，从而使企业能够快速对客户的实时需求做出相应反馈。

3. 个性化定制体系架构

为实现个性化定制，需要建立消费者个性化需求信息平台和各层级的个性化定制服务平台，平台需要具备消费者需求特征的数据挖掘和分析服务（平台设计）能力，以及可使消费者完全参与的产品设计、计划排产、柔性制造、物流配送、售后服务的集成和协同优化能力。个性化定制体系架构如图 2-7 所示。

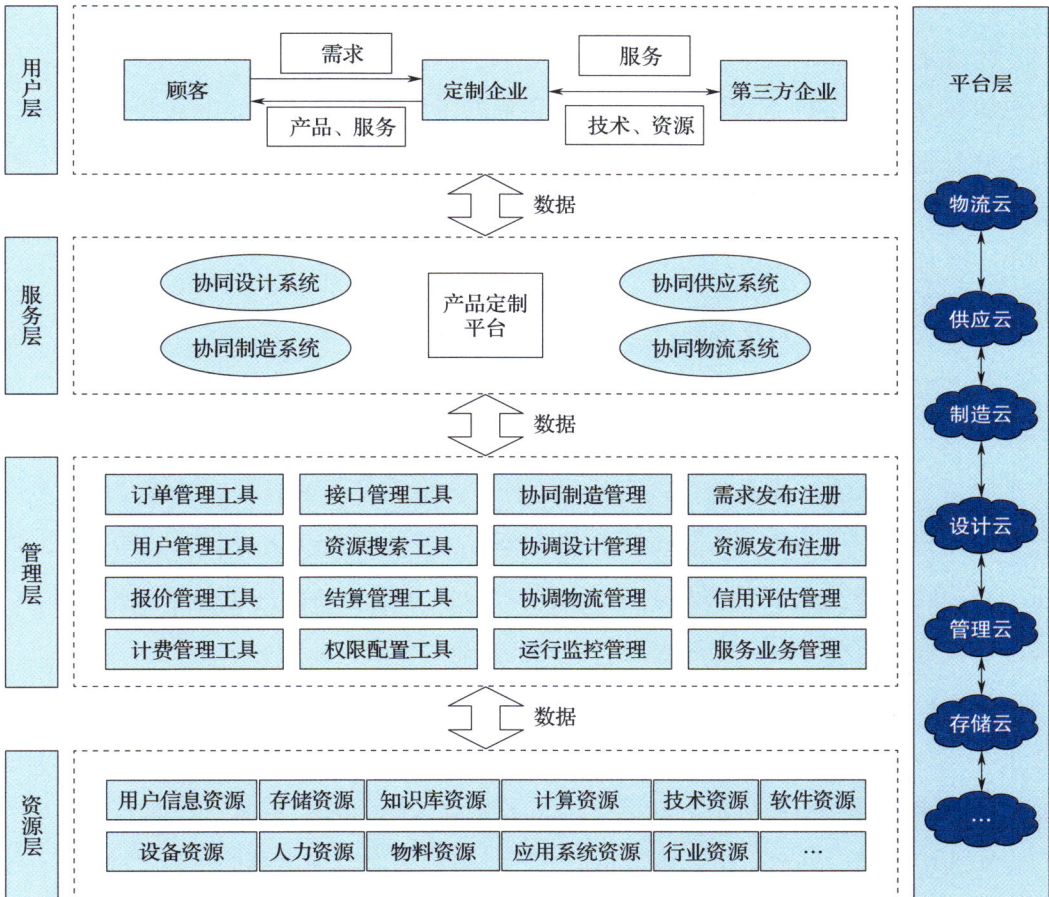

图 2-7　个性化定制体系架构

该体系架构以数据为核心，将各层级相互串联。产品定制平台作为定制服务的起始点，将来自客户的需求信息作为制造的目标，通过物流云、供应云、制造云、设计云等协同企业内部和企业间的生产与服务，最终为客户提供满足要求的产品及服务。资源层整合了整个生产流程及供应链中的所有资源；管理层对资源进行数字化管理；服务层利用协同技术，根据定制平台的需求整合企业内部和企业间的相关资源信息；最终在用户层，实现用户需求采集、产品生产、产品物流和服务提供。

2.2.3 精益生产

1. 精益生产的定义

精益生产方式是指综合运用多种现代管理方法和手段，以客户需求为依据，以充分发挥全体员工的积极性为根本，对企业的各项资源进行有效配置和合理使用，最大限度地为企业谋求经济利益的一种新型生产方式，是全员参与持续改善的一种管理状态，也是一种适时制造，消除一切浪费和故障，向零缺陷、零库存努力的新型生产管理方式。

2. 精益生产的发展历程

20 世纪初，从美国福特汽车公司创立第一条汽车生产流水线以来，大规模的生产流水线一直是现代工业生产的主要特征。大规模生产方式是以标准化、大批量生产来降低生产成本，提高生产效率的。这种方式适应了美国当时的国情，汽车生产流水线的产生，一举把汽车从少数富翁的奢侈品变成了大众化的交通工具，美国汽车工业也由此迅速成长为美国的一大支柱产业，并带动和促进了包括钢铁、玻璃、橡胶、机电以至交通服务业等在内的一大批产业的发展。

大规模流水生产在生产技术以及生产管理史上具有极为重要的意义。但是第二次世界大战以后，社会进入了一个市场需求向多样化发展的新阶段，相应地要求工业生产向多品种、小批量的方向发展。为了顺应这样的时代要求，日本丰田汽车公司在实践中摸索，创造出来了精益生产方式，被称为"改变世界的机器"。

总体来说，根据精益生产方式的形成过程可以将其划分为三个阶段：丰田生产方式形成与完善阶段，丰田生产方式的系统化阶段（即精益生产方式的提出），精益生产方式的革新阶段（对以前的方法理论进行再思考，提出新的见解）。

3. 精益生产的要求

精益生产方式要求企业在生产组织过程中从客户（内部和外部）的角度来确定企业从产品设计、生产到交付的整个过程，实现客户利益最大化，在"客户拉动"观念指引下，消除产品的过早过多生产，确保现场在制品和库存的大量减少，压缩生产提前期，减少所有资源消耗且不增值活动，并向员工授权，引导员工，激励全体员工用价值流分析方法找出更隐秘的浪费，以求生产过程的持续改善和改进。改进的结果必然是在企业中加速从原材料转变为成品的过程，并显著增加产品价值，如图 2-8 所示。

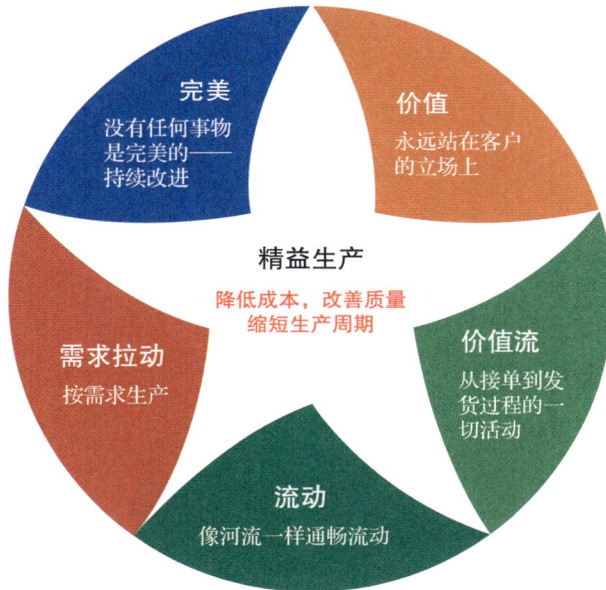

图 2-8　精益生产的原则

精益生产方式的管理出发点是要求企业运用精益思维消除一切耗费了资源而不创造价值的活动，这些活动包括许多，如残次品、超过需求的生产、不必要的各种裕量、不必要的工艺、闲置的资源和库存、各种等待、不必要的运输、不必要的人员变动、需要纠正的错误等。

精益生产既是一种以最大限度地减少企业生产中所使用的资源和降低企业管理运营成本为主要目标的生产模式，也是一种理念，是支撑个人与企业生命的一种精神力量，是一种员工精益求精无止境追求的企业文化。

4. 精益生产的优越性

与大量生产方式相比，精益生产的优越性主要表现在以下几个方面。

1）所需人力资源——无论是在产品开发、生产系统，还是工厂的其他部门，与大量生产方式下的工厂相比，最低能减至1/2。

2）新产品开发周期——最低可减至1/2或2/3。

3）生产过程的在制品库存——最低可减至大量生产方式下一般水平的1/10。

4）工厂占用空间——最低可减至采用大量生产方式下的1/2。

5）成品库存——最低可减至大量生产方式下平均库存水平的1/4。

6）产品质量——可大幅度提升。

5. 制定精益生产的步骤

精益生产是一种非常有效的生产方式，可帮助企业最大限度地利用资源，提高生产效率和质量，满足客户需求，然后在市场竞争中获得主导地位。要制订适合公司的精益生产计划，企业需要全面评价自己的生产过程，制定相应的解决方案，不断改进和完善。只有这样，企业才能在实施精益生产的过程中取得最佳的效果。制定精益生产的具体步骤如下。

1）确定价值流：通过识别价值流，可以确定哪些步骤是浪费的，并在生产过程中找到价值流和非价值流。价值流是指客户认可的生产环节，非价值流是指客户不认可的生产环节，然后制定改进计划。

2）识别浪费：浪费是指任何不增加价值的活动或过程。通过识别浪费，可以制定减少或消除浪费的计划。在找到价值流和非价值流后，就应该开始消除浪费。浪费是指等待、运输、库存等不必要的生产环节。通过消除浪费，可以提高生产效率，降低成本。

3）制订改进计划：根据识别的浪费制订改进计划。这些计划可能包括优化流程、减少库存、改进设备维护等。

4）改进计划的实施：这个计划需要每个人的参与，包括管理、生产工人和供应商。在实施过程中，应不断监控和调整计划，以确保其有效性。

5）持续改进：精益生产是一个持续改进的过程。公司应不断寻找新的改进机会，以提高生产效率和质量，改进生产过程，降低成本，以满足客户的需求。

总之，制定精益生产计划需要对公司的生产过程进行全面的分析和评估，以确认浪费和优化方向。然后，制定和实施改进计划，继续提高生产效率和质量。这样，我们就可以创造一个高效、低成本、高质量的生产过程。

思考与练习

【单选题】

1. 绿色制造又称为（ 　　 ）或面向环境的制造。

   A. 环境意识制造　　　　　　　　B. 环境制造

   C. 绿植制造　　　　　　　　　　D. 智能标准制造

2. 个性化定制是指基于新一代信息技术和柔性制造技术，以（ 　　 ）设计为基础，以接近大批量生产的效率和成本提供能满足客户个性化需求的一种智能服务模式。

   A. 个性化　　　B. 模块化　　　　C. 私人化　　　　D. 定制化

【多选题】

1. 智能制造系统架构是指从（ 　　 ）等三个维度对智能制造所涉及的活动、装备、特征等内容进行描述。

   A. 生命周期　　B. 系统层级　　　　C. 智能特征　　　D. 网络化

2. 生命周期涵盖从产品原型研发到产品回收再制造的各个阶段，包括（ 　　 ）等一系列相互联系的价值创造活动。

   A. 设计　　　　B. 生产　　　　C. 物流　　　　D. 销售　　　　E. 服务

3. 系统层级是指与企业生产活动相关的组织结构的层级划分，包括（ 　　 ）。

   A. 设备层　　　B. 单元层　　　C. 车间层　　　D. 企业层　　　E. 协同层

4. 智能特征是指制造活动具有的自感知、自决策、自执行、自学习、自适应之类功能的表征，包括（ 　　 ）等智能化要求。

   A. 资源要素　　B. 互联互通　　C. 融合共享　　D. 系统集成　　E. 新兴业态

【填空题】

精益生产成功实施的五个步骤：_____、_____、_____、_____
以及_____。

【简答题】

1. 简述什么是智能制造个性化定制与维护。
2. 简述什么是智能制造精益化生产。

03

第 3 章
智能制造核心技术

知识目标

- 掌握产品数据的数字化处理技术。
- 了解数字化制造技术的基本原理、应用特点等。
- 理解智能检测技术是如何利用计算机和传感器等技术实现自动化和精确检测的。

科普素养目标

- 通过了解产品的数字化处理，学会辩证地思考问题。
- 通过了解逆向工程技术，培养创新性发散思维。
- 通过了解增材制造技术，培养积少成多、精益求精的学习习惯。
- 认识智能检测中的数据隐私、伦理和法规问题，增强个人隐私保护和数据安全意识。
- 认识到推动智能检测技术的可持续发展和应用的重要性。

微课 12　　微课 13

微课 14　　微课 15

3.1 数字化制造技术

3.1.1 产品数据的数字化处理

在数字化制造中，产品数据的数字化处理是一个重要的步骤。它将产品的相关信息转化为数字化形式，建立数字模型，以实现产品的数字化管理和生产制造，如图 3-1 所示。

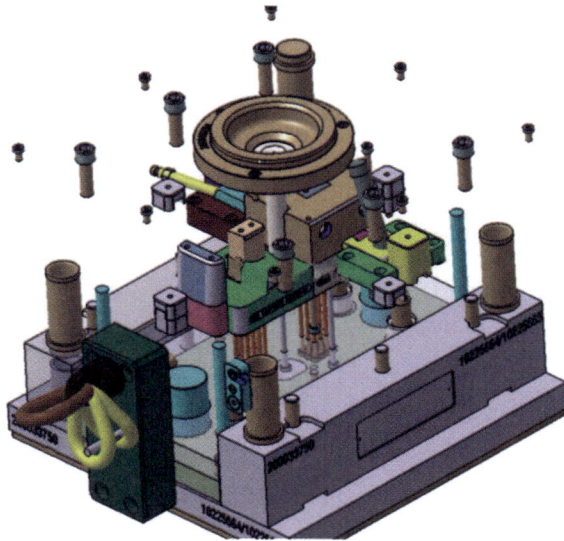

图 3-1　产品数字化模型

数字化处理的具体步骤如下。

（1）数据采集

通过传感器、扫描仪等设备，收集产品的相关数据信息，包括 3D 图形数据、工艺参数、物料配方、生产计划等。

（2）数据处理与分析

对采集到的数据进行处理和分析，将其转化为可识别、可操作、可利用的数字化数据，并进行相应的数据清洗、分类和整合，以确保数据的准确性和完整性。

（3）建立数字模型

根据产品的特点和需求，采用数字化设计软件，建立数字模型，包括 3D 模型、CAD 模型和 CAM 模型等。这些模型将作为生产加工的依据，实现自动化生产制造。

（4）数据共享与交流

通过网络等手段，将数字模型和相关数据信息共享给生产部门、研发团队和客户等，实现生产、协同和服务的数字化管理。

（5）数据挖掘与分析

通过大数据分析、人工智能等技术手段，对数据进行挖掘和分析，预测未来趋势和变化，提高产品质量和生产效率。

总之，产品数据的数字化处理是智能制造的重要组成部分，通过数字化设计、数字模型和数字化生产等手段，实现产品设计、生产制造和服务的数字化管理，提高生产效率和产品质量。

3.1.2 逆向工程技术

逆向工程（Reverse Engineering，RE）又称反求工程、反向工程，可以定义为将实物转变为 CAD 模型相关的数字化技术、几何模型重建技术和产品制造技术的总称。逆向工程是一门涉及光学、电子、自动控制、机械、计算机视觉、计算机图形学、计算机图形处理、微分几何、计算几何、数理统计和软件工程等多学科的综合性 CAD 技术，已成为 CAD/CAM 系统中一个应用和研究的热点，并发展成为一个相对独立的领域。

如图 3-2 所示，逆向工程是在没有设计图样或图样不完整而有样品的情况下，利用三维扫描测量仪，准确快速地测量样品表面数据或轮廓外形，加以点数据处理、曲面创建、三维实体模型重构，然后通过 CAM 系统进行数控编程，直至利用 CNC 加工机床或快速成型机床制造产品。这与传统的"产品概念设计→产品 CAD 模型→产品（物理模型）"的正向工程相反。

图 3-2　产品逆向工程

逆向工程的思想最初来自从油泥模型到产品实物的设计过程，除此之外，目前基于实物的逆向工程应用最广泛的领域是进行产品的复制和仿制，尤其是外观产品，因为不涉及复杂的动力学分析、材料、热处理等技术难题，因而相对容易实现。概括起来，逆向工程主要应用于新产品研发，产品的微创新和改进设计，损坏或磨损零件的修复，快速模具制造，文物的保护和监测，医学领域的应用，CAE 模型分析等。

1. 几何逆向反求的重构方法

逆向工程技术包括几何逆向反求、材料逆向反求和工艺逆向反求等，是一个复杂、庞大的系统工程。目前，在机械工业领域中，大多数关于逆向工程的研究和实践都集中在几何形状反求，即重建产品实物的 CAD 模型方面。

所谓产品的几何逆向反求，就是根据实物样件的表面轮廓的数字化信息反求出样件的 CAD 模型，其重构方法主要有以下三种。

（1）实物反求

在已有实物的前提下，通过试验、测绘和分析，提出重构所需的关键点、线、面等信息，结合曲面构造方法实现模型再现。在反求过程中，理解并吸收其结构功能、材质、精度、工艺方案以及设计规范等多方面信息。实物反求对象可以是整机、件、组件和零件。

（2）软件反求

产品样本的技术文件、图样、设计说明书、使用说明书、有关规范和标准等均称为技术软件。通过对样本的技术软件的分析研究，提取出产品样件的设计参数和思路来完成产品反求，称为软件反求。软件反求又可以细分为三种情况：既有实物，又有全套技术软件；既有实物，又有部分技术软件；无实物，仅有全套或部分技术软件。

（3）影像反求

根据产品数字化图片或影视画面提供的几何维度和色彩维度信息，实现模型重构，称为影像反求。影像反求是一个复杂的创新过程，目前还未形成相对成熟的技术。一般要利用透视变换和透视投影（涉及复杂的矩阵运算）形成不同的透视图，从外形尺寸、比例和颜色等信息中提取重构参数，进而通过专业系统实现模型几何以及色彩维度的反求。

2. 逆向工程的特点

（1）产品设计周期短

正向设计是一个从市场需求到概念设计，再到产品设计加工的"从无到有"的过程。在产品设计之初就应该满足功能要求，这往往需要灵感和缜密的思考。而逆向设计以已有实物为参照，比较直观，在此基础上进行复制和改进设计，可以节省大量的产品构思时间。

（2）产品设计更加稳定可靠

正向设计具有一定的创新性和不可预见性，即使是经验丰富的设计师，在创新的过程中也会存在设计失败的风险。而在已有成熟产品基础上进行改进设计，风险将会降到最低，设计出的产品也会更加稳定可靠。

（3）产品设计成本更低

在正向设计过程中，产品的研发一般都要经过反复修改来提高其可靠性、稳定性以及运行的经济性，不仅周期长，而且成本也比较高。逆向设计的产品是在原有产品的基础上进行的，可减少研发过程中的反复修改，有效降低了开发成本。

（4）产品设计品质更高

利用逆向工程对模型各方面数据进行精确全面的采集和偏差分析，将成品数据与设计数据进行全面比对，可找出生产或设计上的缺陷，在继承原有产品优点的基础上，使产品的品质更高。

逆向工程以已有的产品或技术为对象，用现代化的手段和理论，解剖并掌握所研究对象的关键技术，在充分研究对象的基础上实现再创造，开发新产品，实行"样品→反求→再创造设计→产品"的新产品设计开发过程。据有关文献统计，逆向工程可以将新产品研制周期缩短 40% 以上，是提高新产品研发能力的有效手段。

3. 逆向工程的关键技术

逆向工程的关键技术包括数据测量技术、数据预处理技术、模型重构及产品制造技术。

（1）数据测量技术

逆向工程中数据测量方法主要分为两种：一种是传统的接触式测量法，如三坐标测量机法；另一种是非接触测量法，如投影光栅法、激光三角形法、工业 CT 法、核磁共振法（MRI）及自动断层扫描法等。只有获取了高质量的三维坐标数据，才能构建准确的几何模型。所以，测量方法的选取是逆向工程中一个非常重要的问题。

（2）数据预处理技术

对于得到的测量数据，在 CAD 模型重构之前应进行数据预处理，主要是为了排除噪声数据和异常数据，精简和归并冗余数据。

（3）模型重构及产品制造技术

通过重构产品零件的 CAD 模型，在探寻和了解原设计技术的基础上，实现对原型的修改和再设计，以达到设计创新、产品更新的目的，同时可以完成产品或模具的制造。

4. 逆向工程常用的软件

逆向工程软件主要用于处理和优化密集的扫描点云以生成更规则的结果点云，规则的点云可以用于快速成型，也可以根据这些规则的点云构建出最终的曲面，以输入到 CAD 软件进行后续的结构和功能设计工作。逆向工程常用的软件如图 3-3 所示。

图 3-3　逆向工程常用的软件

（1）Imageware

Imageware 是由美国 EDS 公司研发的，该公司后被德国西门子公司收购，现已并入其旗下的 NX 产品线，是著名的逆向工程软件之一。Imageware 因其强大的点云处理能力、曲面编辑能力和 A 级曲面的构建能力，被广泛应用于汽车、航天航空、消费家电、模具及计算机零部件等的设计与制造。

（2）Geomagic Studio

Geomagic Studio 是由美国 Raindrop Geomagic 公司研发的逆向工程和三维检测软件。该软件也是除了 Imageware 以外应用最为广泛的逆向工程软件。Geomagic Studio 是市面上对点云处理及三维曲面构建功能最强大的软件之一，可根据扫描所得的点云数据创建出完美的多边形模型和网格，并可自动转换为 NURBS 曲面，从点云处理到三维曲面重构的时间通常只有同类软件的三分之一。

（3）CopyCAD

CopyCAD 是由英国 DELCAM 公司研发的功能强大的逆向工程系统软件，它允许从已存在的零件或实体模型中产生三维 CAD 模型。该软件为来自数字化数据的 CAD 曲面的产生提供了复杂的工具。CopyCAD 能够接受来自坐标测量机床的数据，同时跟踪机床和激光扫描器。CopyCAD 简洁的用户界面允许用户在尽可能短的时间内进行生产，并且能够快速掌握其功能，即使初次使用者也能做到这一点。使用 CopyCAD 的用户能够快速编辑数字化数据，产生高质量的复杂曲面。该软件可以完全控制曲面边界的选取，然后根据设定的公差自动产生光滑的多块曲面，同时 CopyCAD 还能保证相邻表面间的相切连续性。

3.1.3 增材制造技术

增材制造技术也称 3D 打印技术，是通过 CAD 设计数据采用材料逐层累加的方法制造实体零件的技术，相对于传统的材料去除（切削加工）技术，是一种"自下而上"材料累加的制造方法。3D 打印主要应用于复杂结构的快速打印、产品的个性化定制、高附加值产品制造。

从成型角度看，零件可视为"点"或"面"的叠加。从 CAD 电子模型中离散得到"点"或"面"的几何信息，再与成型工艺参数信息结合，控制材料有规律、精确地由点到面，由面到体地堆积零件。

从制造角度看，它根据 CAD 造型生成零件三维几何信息，控制多维系统，通过激光束或其他方法将材料逐层堆积而形成原型或零件。

从实现流程来看，增材制造的主要流程如图 3-4 所示。

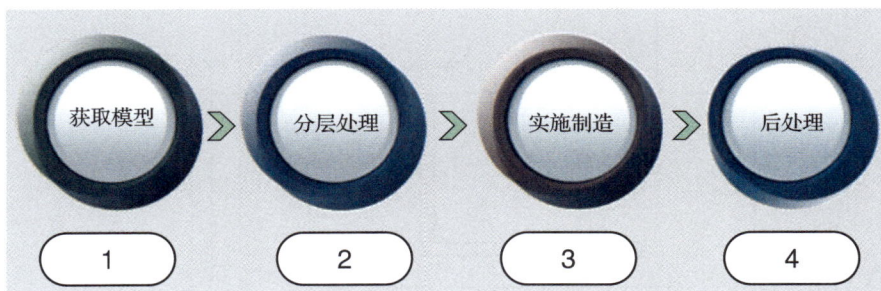

图 3-4　增材制造的主要流程

1）获取模型。利用计算机辅助软件如 Pro/E、I-DEAS、NX 等软件进行直接构建。对产品实体进行激光扫描、CT 断层扫描，得到点云数据，再通过逆向工程的方法构建三维模型。

2）分层处理。在成型高度方向上用一系列一定间隔的平面切割模型，以提取截面轮廓信息。

3）实施制造。根据切片处理获得的截面轮廓，在计算机控制下，相应的成型头按各截面轮廓信息进行扫描，在工作台上层层堆积，然后黏结材料，最终得到产品原型。

4）后处理。从成型系统里取出成型件，进行剥离、后固化、修补、抛光等。

增材制造的主要方式有光固化成型（SLA）、选择性激光烧结（SLS）、熔融挤出成型（FDM/MEM）、三维印刷（3DP）、分层实体制造（LOM）。

（1）光固化成型（SLA）

光固化成型是利用紫外光照射在液态的光敏树脂上使其凝固的原理进行工作的。由计算机控制激光束，以模型各分层截面轮廓为轨迹，逐点扫描，使被扫描区内的树脂薄层产生光聚合反应后固化，从而形成制件的一个薄层截面。每固化一层，工作台就下移一个层厚的距离，以便固化好的树脂表面再敷上一层新的液态树脂，进行下一层的扫描加工，如此反复，直到整个原型制造完毕。光固化成型原理图如图 3-5 所示。

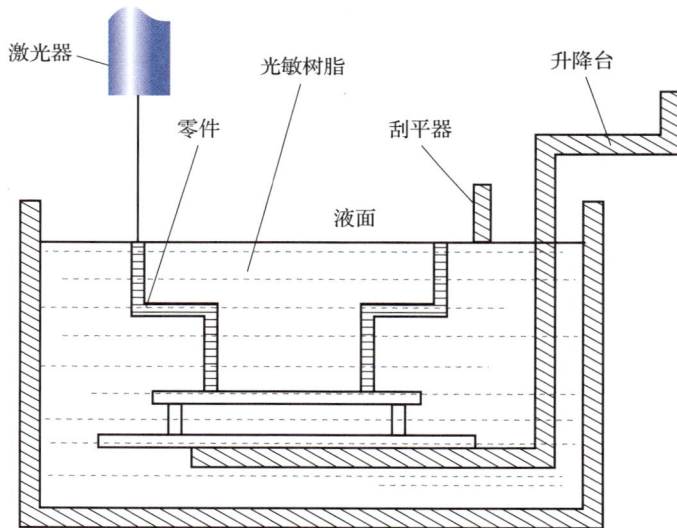

图 3-5　光固化成型原理图

（2）选择性激光烧结（SLS）

选择性激光烧结是利用粉末状材料成型的。将材料粉末铺在已成型零件的上表面，并刮平；用高强度的 CO_2 激光器在刚铺的新层上扫描出零件截面；材料粉末在高强度的激光照射下被烧结在一起，得到零件的截面，并与下面已成型的部分粘接；

当一层截面烧结完后，铺上新的一层材料粉末，选择性地烧结下层截面，如图 3-6 所示。

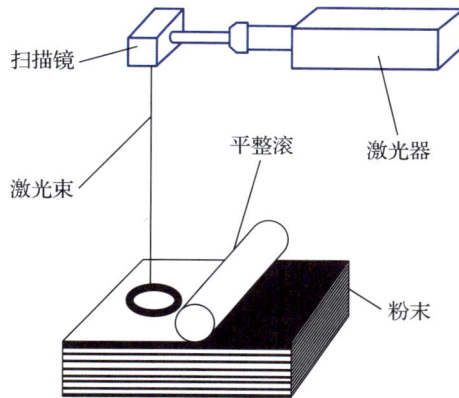

图 3-6　选择性激光烧结的工艺原理图

选择性激光烧结的优点和缺点见表 3-1。

表 3-1　选择性激光烧结的优点和缺点

优点	缺点
1）可采用多种材料 2）制造工艺比较简单 3）高精度 4）无须支撑结构	1）成型零件精度有限 2）无法直接成型高性能的金属和陶瓷零件 3）成型大尺寸零件时容易发生翘曲变形 4）由于使用了大功率激光器，整体制造和维护成本非常高，一般消费者难于承受 5）成型坯件的物理性能不能满足功能性制品的要求

（3）熔融挤出成型（FDM/MEM）

熔融挤出成型指丝材在喷头内被加热熔化。喷头沿零件截面轮廓和填充轨迹运动，同时将熔化的材料挤出，材料迅速固化，并与周围的材料黏结。每一个层片都是在上一层上堆积而成的，上一层对当前层起到定位和支撑的作用。

（4）三维印刷（3DP）

与选择性激光烧结的工艺类似，三维印刷采用粉末材料成型，如陶瓷粉末、金属粉末。不同之处在于材料粉末不是通过烧结连接起来的，而是通过喷头用黏接剂（如硅胶）将零件的截面"印刷"在材料粉末上面。用黏接剂粘接的零件强度较低，还需后处理。

（5）分层实体制造（LOM）

分层实体制造采用薄片材料，如纸、塑料薄膜等。通过加热的滚筒纸使纸张一层层粘在一起。每粘一层由激光按照零件形状将纸切断，最后由每一层叠起来的纸张形成零件。

3.1.4 虚拟制造技术

虚拟制造技术的涉及面很广，如可制造性自动分析、分布式制造技术、决策支持工具、接口技术、智能设计技术、建模技术、仿真技术以及虚拟现实技术等。其中，后四项是虚拟制造的核心。虚拟制造技术场景如图3-7所示。

图 3-7　虚拟制造技术场景

（1）智能设计技术

智能设计技术是对传统计算机辅助设计（Computer Aided Design，CAD）技术的进一步研究和加强，既具有传统 CAD 系统的数值计算和图形处理能力，又能满足设计过程自动化的要求，对设计的全过程提供智能化的计算机支持，因此又被称为智能 CAD 系统，简称 ICAD。

智能设计技术有如下特点。

1）以设计方法学为指导。设计方法学对设计本质、过程设计思维特征及方法学的深入研究是智能设计模拟人工设计的基本依据。

2）以人工智能技术为实现手段。借助专家系统技术的强大知识处理功能，结合人工神经网络和机器学习技术，可以较好地支持设计过程自动化。

3）将传统 CAD 技术作为数值计算和图形处理工具，提供对设计方案优化和图形显示输出的支持。

4）面向集成智能化。不仅支持设计的全过程，还能为集成其他系统提供统一的数据模型及数据交换接口。

5）提供了强大的人机交互功能。使设计师对智能设计过程的干预（即任何人工智能的融合）成为可能。

（2）建模技术

虚拟制造系统（Virtual Manufacturing System，VMS）是现实制造系统（Real Manufacturing System，RMS）在虚拟环境下的映射，是 RMS 的模型化、形式化和计算机化的抽象描述和表示。VMS 的建模包括生产模型、产品模型和工业模型三种。

（3）仿真技术

仿真就是应用计算机将复杂的现实系统抽象并简化为系统模型，然后在分析的基础上运行此模型，从而获知原系统一系列的统计性能。仿真是以系统模型为对象的研究方法，不会干扰实际生产系统。利用计算机的快速运算能力，仿真可以用很短的时间模拟实际生产中需要很长时间的生产周期，因此可以缩短决策时间，避免资金、人力和时间的浪费，并可重复仿真，优化实施方案，如图 3-8 所示。

1）仿真的基本步骤：研究系统（收集数据）→建立系统模型（确定仿真算法）→建立仿真模型→运行仿真模型→最后输出结果并分析。

2）产品制造过程仿真可归纳为制造系统仿真和加工过程仿真。

①制造系统仿真：包括产品建模仿真、设计过程规划仿真、设计思维过程和设计交互行为仿真等。用户可以对设计结果进行评价，实现设计过程早期反馈，减少或避免产品设计错误。

②加工过程仿真：包括切削过程仿真、装配过程仿真、检验过程仿真，以及焊接、压力加工、铸造仿真等。

图 3-8　仿真分析概念图

（4）虚拟现实技术

虚拟现实（Virtual Reality，VR）技术是综合利用计算机图形系统、各种显示和控制等接口设备，在计算机生成的可交互的三维环境（称为虚拟环境）中提供沉浸感觉的技术。虚拟现实系统包括操作者、机器和人机接口三个基本要素。利用虚拟现实技术可以对真实世界进行动态模拟，通过用户的交互输入，及时按输出修改虚拟环境，使人产生身临其境的沉浸感觉。虚拟现实技术是虚拟制造的关键技术之一。

虚拟制造在智能制造生产过程中的相关实用技术还包括如下内容。

1）虚拟设计与装配：包括虚拟产品形状设计，虚拟装配/拆卸设计与优化，虚拟样机以及具有视觉的虚拟装配等。基于虚拟样机的试验仿真分析可以在真实制造之前发现问题，并得以解决。

2）虚拟产品实现技术：包括虚拟加工，远程机器人操作与监控，虚拟测量技术以及基于表面质量分析的切削参数选择等。

3）虚拟检测与评价技术：包括虚拟表面接触刚度分析，刀位轨迹检测及碰撞干涉检验，工艺过程规划与仿真，基于应力的加工质量评价以及装配信息建模等。

4）虚拟试验技术：包括虚拟试验的物理建模，虚拟试验的运行平台，虚拟测试以及虚拟样机的性能评价等。

5）虚拟生产技术：包括虚拟生产线/车间实时三维布局，生产线/车间生产过程虚拟仿真以及基于 VR 的网络化分散制造仿真与评价等。

（5）数字化虚拟制造在制造业中的应用

数字化虚拟制造技术首先成功应用于飞机、汽车等工业领域，未来在智能制造中的应用前景非常广阔。

1）产品开发过程管理：根据企业产品规划和产品开发计划管理各个产品开发项目。通过虚拟使用环境、虚拟测试环境和虚拟制造环境了解产品开发过程中所面临的未知因素，从而提高产品的设计质量，减少设计缺陷，优化产品性能。

①虚拟使用环境：使用户在产品开发的早期就参与产品开发活动，这既有利于尽早地反映用户需求情况，解决与用户需求有关的未知因素，也加强了用户对自己提出的需求的合理性认识。

②虚拟测试环境：使设计人员能够基于虚拟产品，对产品设计进行性能分析、评估和改进，可加强设计人员之间、设计人员与用户之间以及设计人员与合作伙伴之间的联系。

③虚拟制造环境：用于在产品开发过程中，为整个企业的运行提供一个基于计算机环境的具有制造意义的集成基础结构，为所设计的产品的制造过程提供仿真环境和论证平台，解决与制造有关的未知因素，提高工艺规划和加工过程的合理性，优化制造质量。

2）生产过程管理：对于生产过程来说，虚拟制造系统是一个监视、控制、管理、维护和仿真系统，可以提高制造和生产过程中的管理、协调和控制能力。通过将现实制造系统映射为虚拟制造系统，实现对企业制造资源的建模以及生产过程规划、管理、调整、控制的仿真。通过生产计划的仿真，可以优化资源配置和物流管理，实现柔性制造和敏捷制造，缩短制造周期，降低生产成本。

3）整体运作：根据产品类型、规模以及企业资源等情况，控制和协调生产活动，合理配置和利用人、财、物资源，以提高企业的整体运作效率。

4）系统维护：虚拟制造系统管理软件用于系统管理人员对于整个虚拟制造系统的管理、控制、维护和更新。

综上所述，虚拟制造技术的主要目标是能够根据实际生产线及生产车间情况进行规模布局，以建模与仿真为核心内容，进行产品的全生命周期设计，该技术具有巨大的应用潜力。

微课 16　微课 17　微课 18　微课 19　微课 20

3.2 智能检测技术

智能检测技术具有检测精度高、工作效率高及不受人为因素干扰等优势，在满足大批量检测连续性、一致性和可靠性要求的同时，能将人从恶劣检测环境、高机械性重复性的劳动中解放出来，并且可以很好地适应各种工业应用场景，极大地提高工业产品检测过程的柔性化和智能化水平。智能检测技术除了广泛应用于智能制造装备之外，还可以应用于生产过程监控、基于虚拟现实的产品设计等环节，通过该技术，可以大幅度降低设计和生产制造成本。智能检测技术在智能制造中的应用如图 3-9 所示。

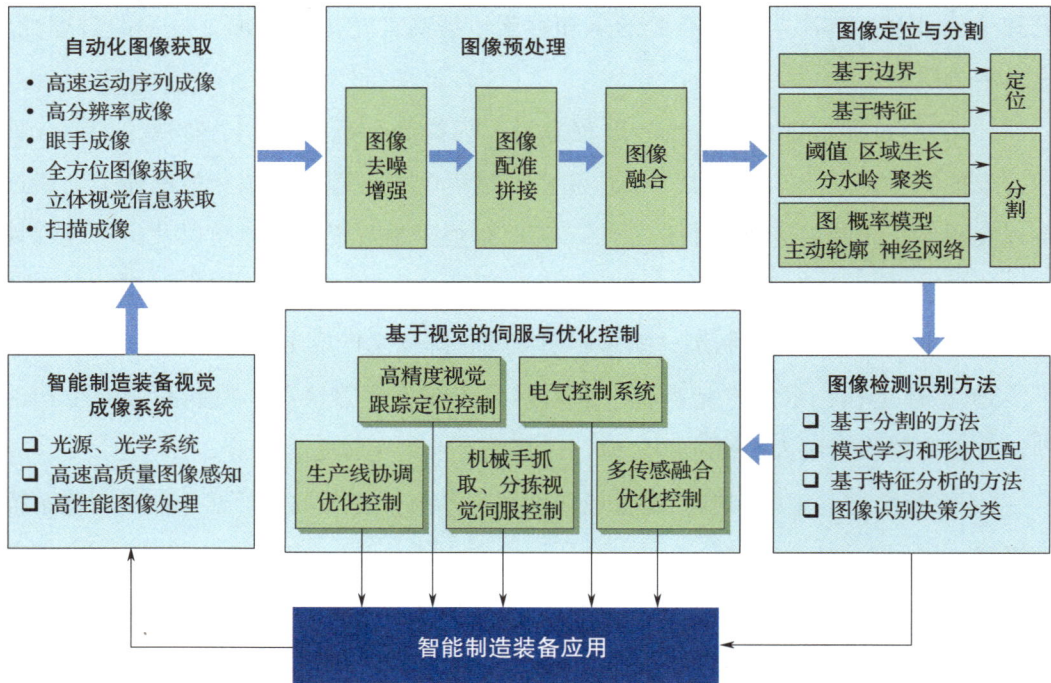

图 3-9　智能检测技术在智能制造中的应用

完善的智能化检测，能将客户需求与来自采样、前处理、分析测试、数据处理和综合评价的结果相结合，将之前孤立存在的检测信息的可视性和洞察提升到全新水平，实现预测性维护，自我优化流程改进，提升效率和客户响应能力。一个完善的智能检验检测系统必然包括 AI 视觉系统、AI 深度学习系统、AI 边缘计算系统。

（1）AI 视觉系统

AI 视觉系统通常使用 AI 智能相机，通过将硬件与预装的软件环境相结合，将 AI 功能直接集成到相机本身。

自动化质量检测系统使用机器视觉人工智能软件可以对其看到的内容进行分类，智能化程度更高时，还可以创建自动化工作流程，将 AI 添加到机器视觉硬件中，开发人员和系统集成商可以轻松地直接在智能相机中运行不同的 AI 模型。

（2）AI 深度学习系统

AI 系统更利于表面特征的检测，AI 系统有自动学习的判断能力，可以像人一样去思考一些不良特征是否合适。

标准机器视觉是基于规则的，机器视觉 AI 系统会随着使用更多图像而变得更加智能。许多工厂和生产线已经在使用标准机器视觉，它能够检测出什么时候出现问题，但这些系统无法告诉我们究竟出了什么问题（分类），也无法在收到信息后指导系统采取行动。

（3）AI 边缘计算系统

AI 边缘计算就是将从终端采集到的数据，直接在靠近数据产生的本地设备或网络中进行分析，无须再将数据传输至云端数据处理中心。AI 边缘计算传输速度非常快，可以在缩短时间的同时提高响应速度，有助于防止重要的机器操作发生故障或引发危险事件。

随着工业 4.0 时代的到来，发展智能工厂和智能制造产业已经成为各国的共识。智能制造过程十分复杂，通常由多个环节构成，每一个环节都采用一到多种智能制造装备完成。智能制造装备的环境感知和智能检测技术是高适应性、高精度、智能化作业的根本保障，也是研制智能制造装备必须首先解决的技术难题。传统的感知控制方法无法满足智能制造装备实时、高精度、模块化、无损感知等需求，而智能检测技术则为该技术难题的解决提供了一种最优方案。

高端装备研制生产领域是智能检测技术应用的大舞台

智能检测技术在研制生产中的应用场景如图 3-10 所示。高端装备采购商对于智能检测技术极为青睐。例如，西门子燃气轮机要求高温部分的大型锻件必须采用智能检测设备进行检测。这主要基于两个方面的原因：

其一是超声波等手工无损检测的工作质量很大程度上依赖于人员素质，手工检测的结果经常因为不同人员的工作质量不同而产生差异。而智能检测更多地依靠检测设备的稳定性，人员因素影响较小。通过检测前后的两次校验，采用自动检测确保被检工件可以完全按照标准要求检测。

其二是随着现代计算机技术的飞跃发展，智能检测可以达到许多手工检测无法实现的功能，比如其设备可以将超声检测的结果全波记录下来，对全波进行 B 超、C 超等显示，以及通过计算机软件对全波分析得到缺陷的定量定位等信息。采购商方面的检测专家还可以依据对工件检测结果进行的离线分析，提高对不合格品处理意见（比如存在的缺陷是否可以在后续机加工过程中去除等）的准确性。

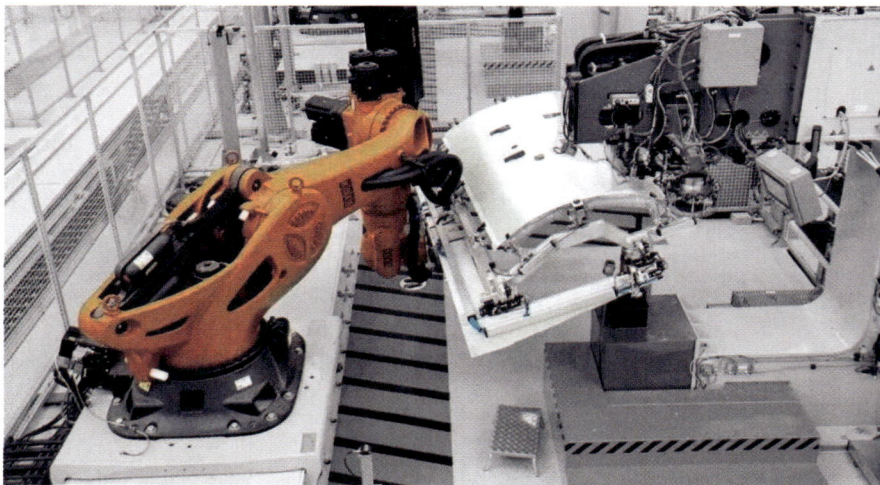

图 3-10 智能检测技术在研制生产中的应用场景

科普小百科

成渝 AI 智能视觉检测服务应用与示范

　　重庆中科摇橹船信息科技有限公司（以下简称摇橹船）由中科院西光所、重庆两江创投、重庆慧聚成江合力组建。摇橹船构筑了系列光学、机械、电学、算法、软件科研平台，相继开发了以 2D 相机、3D 相机、光场相机为代表的核心机器视觉硬件产品，联合成都理工大学、重庆大学等高校，以及平伟实业、长安汽车、赛力斯等行业龙头企业，以产学研用模式，打破日美等国的长期技术垄断，攻坚克难突破"卡脖子"难题，打造了"成渝 AI 智能视觉检测服务应用与示范"项目，其"5G+ 焊接大数据服务"应用针对汽车制造行业，利用 5G 物联技术突破焊接车间全工位飞溅特征和焊点工艺参数的海量数据传输链路带宽瓶颈，实现焊接车间焊点质量大数据的融合分析，并给出质量提升策略和工艺改进策略。现已服务众多成渝双城汽车产业链企业，做深做实成渝地区协同发展创新，助力成渝地区双城经济圈战略。

　　"成渝 AI 智能视觉检测服务应用与示范"项目通过机器视觉、5G、人工智能、边缘计算等新技术的有机结合，实现产品实时在线高精度检测，其识别精度可达 99.9% 以上，已在离散制造行业进行试点、应用及推广。该项目产业化效果良好，基于 5G 技术，将实物、系统、环境、管理人员、一线工人进行集中化管理，实时集中化收集信息、传递、存储，通过高等级智能化分析，对焊接工艺流程全流程监控，可提高生产运营效率 20%，降低生产成本约 10%，降低不良品率约 20%。

3.2.1　射频识别技术

　　射频识别（Radio Frequency Identification，RFID）是自动识别技术的一种，通过电磁波对记录媒体（电子标签或射频卡）进行非接触双向数据通信。RFID 的应用非常广泛，典型应用有动物晶片、汽车晶片防盗器、门禁管制、停车场管制、生产线自动化、物料管理等。

1. RFID 系统概述

（1）RFID 系统的发展历程

1940—1950 年：由于雷达技术的发展和进步，衍生出 RFID 技术，1948 年 RFID 的理论基础诞生。

1951—1960 年：人们开始对 RFID 技术进行探索，但是并没有脱离实验室研究。

1961—1970 年：相关理论不断发展，并且在实际中开始运用 RFID 系统。

1971—1980 年：RFID 技术不断更新，产品研究逐步深入，对于 RFID 的测试开始进一步加速，并且实现了对相关系统的应用。

1981—1990 年：RFID 技术和相关产品被开发并且应用在市场中，在多个领域实现应用。

1991—2000 年：人们开始对 RFID 的标准化问题给予重视，并且在生活的多个领域可以见到 RFID 系统的身影。

2000 年后：人们普遍认识到标准化问题的重要意义，RFID 产品的种类进一步丰富发展，无论是有源、无源还是半有源电子标签都开始发展起来，相关生产成本进一步下降，应用领域逐渐增加。

时至今日，射频电路已成为广泛应用于无线通信中的集成电路，上至卫星通信，下至手机、WiFi、共享单车，处处都有射频电路的身影。RFID 的技术理论得到了进一步的丰富和发展，单芯片电子标签、多电子标签识读、无线可读可写、适应高速移动物体的 RFID 技术不断发展，并且相关产品也走入人们的生活，得到广泛应用。

1）电子标签：由芯片和天线组成，具有存储数据和收发射频无线信号功能。每个电子标签存储着唯一的电子编码，电子编码关联着物品的详细信息。

2）读写器：利用射频技术读写电子标签的设备。同时，具备网络通信接口，读写器通过此接口与系统高层通信，完成对标签的读写操作。

3）系统高层：统筹管理读写器，完成对系统每个电子标签的管理与实时追踪。

（2）RFID 系统的工作流程

RFID 系统工作流程如图 3-11 所示。

1）系统高层控制读写模块执行读写操作。

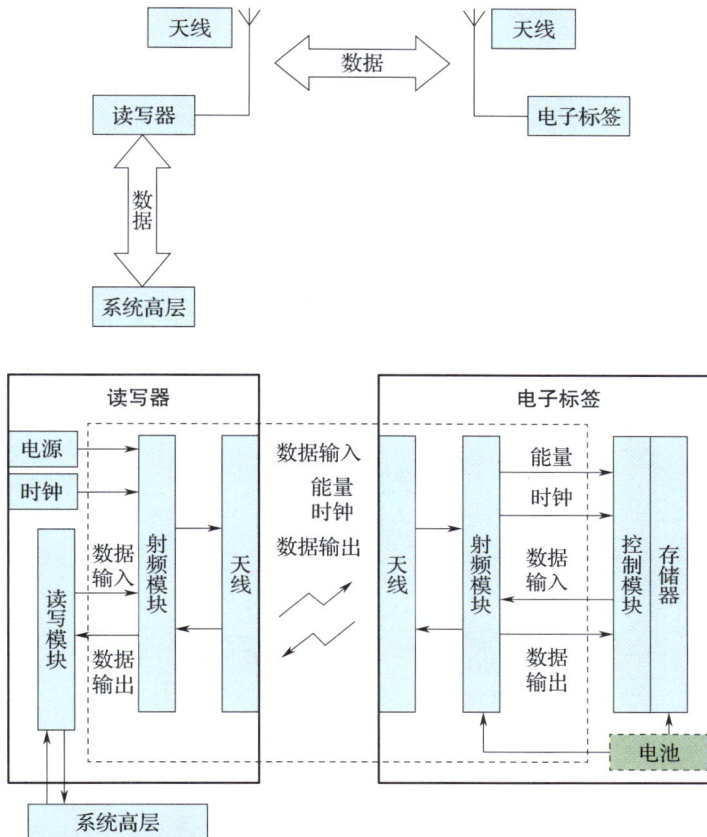

图 3-11　RFID 系统工作流程

2）读写模块控制射频模块产生射频信号并通过天线发送出去。

3）标签天线接收到射频信号被激活，通过控制模块操作（读取或者写入）电子标签存储器。

RFID 工作频率的选择要顾及其他无线电服务，不能对其他服务造成干扰和影响。通常情况下，读写器发送的频率称为系统的工作频率或者载波频率，根据工作频率的不同，射频识别分为低频系统 30~300kHz，常见的有 125kHZ 和 134.2kHz。高频系统的工作范围为 3~30MHz，RFID 常见的高频工作频率是 6.75MHz、13.56MHz 和 27.125MHz。微波系统工作频率大于 300MHz，常见的微波工作频率是 433MHz、860/960MHz、2.45GHz 和 5.8GHz。其中 433MHz、860/960MHz 也常称为超高频（UHF）频段，其天线波束方向较窄，是目前射频系统研发的核心，是物联网关键技术。

2. 电子标签

如图 3-12 所示，电子标签由标签芯片和天线构成，芯片用来存储物品的数据，芯片的电路一般包含电源电路、时钟电路、解调器、解码器、控制器、编码器、存储器和负载调制电路等功能模块。天线用来收发无线电波。

（1）电子标签在不同频段上的工作特点

1）低频电子标签一般为无源标签，在电子标签与读写器传输数据时，电子标签位于读写器天线的近场区，电子标签的工作能量通过变压器耦合方式从读写器中获得，电子标签天线中感应的电压被整流，当作电子标签供电电压使用。

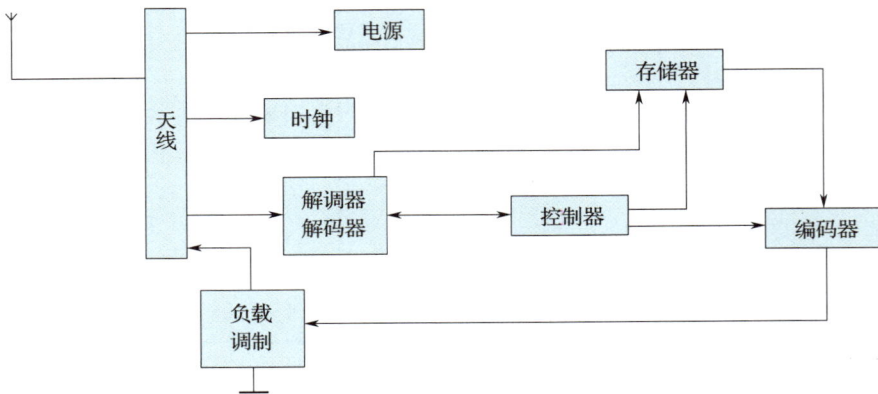

图 3-12 电子标签工作原理

2）高频电子标签通常也是无源的，一般通过负载调制的方式工作，也就是通过电子标签负载电阻的接通和断开，这些数据就能从电子标签传输到读写器。高频电子标签通常做成卡片的形状。

3）微波电子标签可以是有源或者无源的，微波电子标签与读写器传输数据时，电子标签位于读写器天线的远场区，读写器天线的辐射场为无源电子标签提供能量，或者将有源标签唤醒。由于微波电子标签与读写器的距离较大，在工作区域中可能同时出现多个标签，多个标签同时识读已经成为先进射频识别系统的重要标志，微波的穿透力弱，不能穿透金属，灰尘及雾等悬浮颗粒对微波的传播有影响。

（2）电子标签的电源电路部分的功能

电子标签的电源电路部分是将电子标签天线输入的射频信号整流稳压后，为标签工作提供直流能量。电子标签获取的载波信号，其频率经过分频之后，可以为编解码器、存储器和控制器提供时钟信号。电子标签输入的信号经过解调、解码电路，控制命令到达控制器，数据在控制器的控制下写入存储器。电子标签的输出信号在控制器的管理下从存储器输出，经编码器、负载调制电路输出到电子标签的天线。

（3）可读可写的存储器

EEPROM 是电感耦合式电子标签主要采用的存储器，写入时功耗较高，需要刷新；SRAM 价格高，体积大，集成度较低，需要辅助电池不断进行供电，可以用在微波频段自带电池的电子标签；FRAM 铁电存储器将高速读写和低功耗等优势结合起来，在射频领域有广阔前景。

3. 读写器

（1）读写器的模块结构

如图 3-13 所示，读写器由射频模块、控制处理模块和天线组成。天线可以是外接的，独立于读写器，也可以是内置的。射频模块用于基带信号（原始电信号）与射频信号的相互转化。控制处理模块是读写器的核心，对发射信号进行编码、调制等各种处理，对接收信号进行解调、解码等各种处理。执行防碰撞算法，实现与后端应用的规范接口。

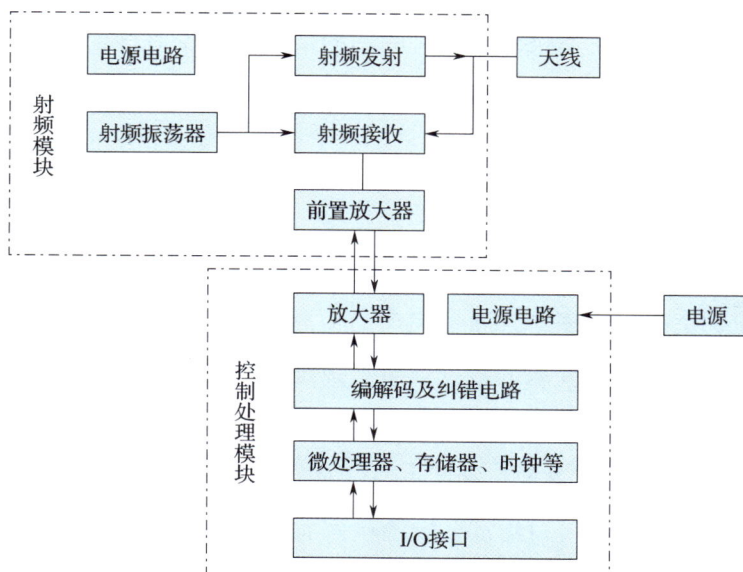

图 3-13　读写器的模块结构

（2）读写器的结构形式

读写器的结构形式有固定式的读写器、手持便携式读写器等。

固定式读写器一般是指天线、读写器与主控机分离。天线可以采用单天线、双天线或多天线形式，天线接口可以是 BNC 或者 SMA 射频接口，天线与读写器的连接可以为螺钉旋接方式，也可以是焊点连接方式。通信接口可以采用 RS232 接口、RS485 接口或者无线局域网 IEEE802.11 接口。

手持便携式读写器将天线与读写器、主控机集成在一起，适用于用户手持使用的电子标签读写设备。

（3）读写器的工作

读写器的工作主要是完成电子标签与读写器之间的通信，这包括对电子标签的初始化，读取或者写入电子标签的内存信息，使电子标签功能失效等。读写器还要完成与系统高层之间的通信，读写器要将读取到的标签信息传递给由计算机网络构成的系统高层，系统高层对读写器进行控制和信息交换，完成特定的应用任务。读写器的识别能力主要体现了读写器的性能，包括防碰撞能力、对高速移动物体识别的能力。

读写器的技术参数包括工作频率、输出功率、输出接口等。工作频率分为低频、高频、超高频。输出功率不仅要满足对应用的需要，还需要符合国家和地区对无线发射功率的许可，符合人体健康要求。输出的接口形式有很多，有 RS232、RS485、USB、WiFi、4G 等多种接口。

4. 系统高层

对于某些简单的应用，一个读写器可以独立完成应用的需要。但对于多数应用来说，射频识别系统是由多个读写器构成的信息系统，系统高层是必不可少的。系统高层可以将许多读写器获取的数据信息有效地整合起来，完成查询、管理和数据交换的功能。

在 RFID 系统中，存在如何将读写器与计算机网络相连的问题。例如，企业通常会提出计算机网络系统如何与读写器设备相连的问题。这就需要中间件。中间件是介于 RFID 读写器与后端应用程序之间的独立软件，中间件可以与多个读写器和多个后端应用程序相连，应用程序通过中间件就能连接到读写器，读取电子标签的数据，中间件在整个嵌入式应用系统中扮演着设备抽象和管理的作用，解决包括软硬件联调困难和解决方案迭代周期长的问题。

如今，RFID 的应用与日俱增，加之计算机技术、RFID 技术、互联网技术与无线通信技术的飞速发展，对全球每个物品进行识别、跟踪与管理将成为可能，计算机网络将成为 RFID 系统高层。借助于 RFID 技术，物品信息将传送计算机网络的信息控制中心，构成一个全球统一的物品信息系统，构造一个覆盖全球万事万物物联网体系，实现全球信息资源共享、全球协同工作的目标。

案例

菜鸟超高频 RFID 产品生态圈

作为继条形码、二维码之后的第三代识别技术，RFID 一般被用于供应链的商品流通中的货物盘点、出入库交接以及全链路追踪。此前，因为技术突破有限，识别准确率不高，RFID 一直未能大规模投入实际应用。通过优化芯片、读写器及其背后的一整套识别算法，菜鸟将 RFID 的识别准确率大幅提升，尤其是在含金属和液体的场景识别方面取得突破。

通过应用 RFID 读写器，如图 3-14 所示，企业可以低成本地获取供应链全链路的数据，进而让供应链更透明，管理更科学，流程更高效。比如，在服装行业，完成一个门店的物品盘点可能要好几天，但是通过 RFID 远距离扫描、批量读取的特性，半小时甚至几分钟就可以完成盘点。在仓储环节出入库作业也有大量的盘点与登记工作，应用 RFID 技术，在物品搬运的同时，相关信息可以自动上传到系统中。而实现这一切的前提是精准识别物品并读取相关信息。

依托于行业领先的 RFID 电子标签产品设计能力及创新能力，菜鸟针对介质极化效应引入的射频损失、金属环境对标签阻抗系统的剧烈影响以及密集读取场景下互耦干扰等 RFID 应用痛点，进行长期研究与技术创新。经中国物品编码中心、国家射频识别产品质量检验检测中心权威认证，采用创新型自干扰对消方案及自研解调算法的菜鸟自研 RFID 读写器接收灵敏度达到 -92dBm，这也意味着菜鸟已成功步入全球 UHF RFID 读写器第一梯队。

图 3-14　菜鸟仓内的 RFID 读写器

　　以 CNR1 读写器为核心技术，菜鸟还打造出一系列的拳头产品，并应用到物流仓储和供应链管理的各业务场景当中。例如 RFID 盘点小车、RFID 吊顶防盗器、单侧通道门等。以 RFID 吊顶防盗器为例，2023 年，菜鸟基于 CNR1 读写器和巴特勒矩阵天线，并结合多传感融合算法，推出 RFID 吊顶防盗器产品，并将其应用在了服饰行业门店防盗场景。低净空、免运维、低误报、低成本成为这款物联网产品的亮点。

3.2.2　机器视觉检测技术

1. 机器视觉检测系统的工作流程

　　机器视觉检测系统的工作流程主要分为图像信息获取、图像信息处理和机电系统执行检测结果 3 部分，另外根据系统需要还可以实时地通过人机界面进行参数设置和调整。

　　当被检测的对象运动到某一设定位置时会被位置传感器发现，位置传感器会向 PLC 发送"探测到被检测物体"的电脉冲信号，PLC 经过计算得出何时物体将移动到 CCD 相机的采集位置，然后准确地向图像采集卡发送触发信号，采集卡检测到此信号后会立即要求 CCD 相机采集图像。被采集到的物体图像会以 BMP 文件的格式送到工控机，然后调用专用的分析工具软件对图像进行分析处理，得出被检测对象是否符合预设要求的结论，根据"合格"或"不合格"信号，执行机会对被检测物体做出相应的处理。系统如此循环工作，完成对被检测物体队列连续处理，如图 3-15 所示。

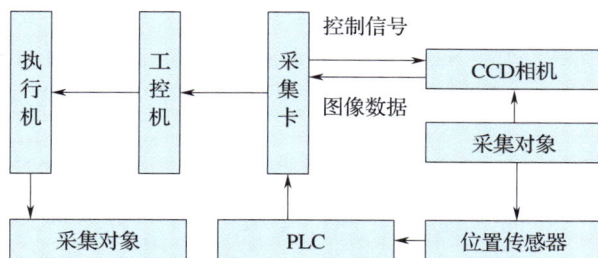

图 3-15　机器视觉检测系统的工作流程

从机器视觉检测系统的工作流程可以看出，机器视觉检测系统是一种相对复杂的系统。大多数监控和检测对象都是运动的物体，系统与运动物体的匹配和协调动作尤为重要，所以给系统各部分的动作时间和处理速度提出了严格的要求。在某些应用领域，例如机器人、飞行物体制导等，对整个系统或者系统的一部分的重量、体积和功耗等都会有严格的要求。

2. 机器视觉检测的相关技术

（1）图像采集技术——机器视觉的基础

图像采集部分一般由光源、镜头、数字摄像机和图像采集卡构成。采集过程可简单描述为在光源提供照明的条件下，数字摄像机拍摄目标物体并将其转化为图像信号，最后通过图像采集卡传输给图像处理部分。

在设计图像采集部分时，要考虑到多方面的问题，主要是关于数字摄像机、图像采集卡和光源方面的问题。

1）光源照明。照明是影响机器视觉系统输入的重要因素，其直接影响输入数据的质量和应用效果。到目前为止，还没有哪种机器视觉照明设备能通用各种应用，因此在实际应用中，需针对应用选择相应的照明设备以满足特定需求。

照明系统按其照射方法可分为背向照明、前向照明、结构光照明和频闪光照明等。其中，背向照明是指将被测物放在光源和摄像机之间，以提高图像的对比度。前向照明是光源和摄像机位于被测物的同侧，其优点是便于安装。结构光照明是将光栅或线光源等投射到被测物上，并根据其产生的畸变，解调出被测物的三维信息。频闪光照明是将高频率的光脉冲照射到物体上，摄像机拍摄要求与光源同侧。

2）光学摄像头。光学摄像头的任务就是进行光学成像，一般在测量领域都有专门的用于测量的摄像镜头，因为其对成像质量起着关键性的作用。

摄像头需要注意的一个问题是畸变。这就需要使用相应的畸变校正方法，目前也开发出了很多自动畸变自动校正系统。

3）CCD 相机及图像采集卡。CCD（Charge Coupled Device）相机及图像采集卡共同完成对目标图像的采集与数字化。在基于 PC 的机器视觉系统中，图像采集卡是控制相机拍照来完成图像的采集与数字化，并协调整个系统的重要设备。

（2）图像处理与分析——机器视觉的核心

用于机器视觉的图像处理与分析方法的核心是解决目标的检测识别问题。当所需要识别的目标比较复杂时，就需要通过几个环节从不同的侧面综合来实现。

对目标进行识别提取的时候，首先要考虑如何自动地将目标物从背景中分离出来。目标物提取的复杂性一般就在于目标物与非目标物的特征差异不是很大，在确定了目标提取方案后，就需要对目标特征进行增强。

随着计算机技术、微电子技术以及大规模集成电路的发展，图像信息处理工作越来越多地借助硬件完成，如 DSP 芯片、专用的图像信号处理卡等。软件部分主要用来完成算法中并不成熟又较复杂或需不断完善改进的部分。这既提高了系统的实时性，又降低了系统的复杂度。

3. 机器视觉检测技术的应用与优势

（1）机器视觉检测技术的应用范围

1）在工业检测方面：近几十年来，在工业检测中利用视觉系统的非接触、速度快、精度合适、现场抗干扰能力强等突出的优点，使机器视觉技术得到了广泛的应用，取得了巨大的经济与社会效益。

自动视觉识别检测目前已经用于产品外形和表面缺陷检验，如木材加工检测、金属表面视觉检测、二极管基片检查、印刷电路板缺陷检查、焊缝缺陷自动识别等。

这些检测识别系统属于二维机器视觉，技术已经较为成熟，其基本流程是用一个摄像机获取图像，对所获取的图像进行处理及模式识别，检测出所需的内容。

2）在医学上的应用：机器视觉主要用于医学辅助诊断。首先采集核磁共振、超声波、激光、X 射线、γ 射线等对人体检查记录的图像，再利用数字图像处理技术、信息融合技术对这些医学图像进行分析、描述和识别，最后得出相关信息，在辅助医生诊断人体病源大小、形状和异常，并进行有效治疗方面发挥了重要的作用。

不同医学影像设备得到的是不同特性的生物组织图像，如 X 射线反映的是骨骼组织，核磁共振影像反映的是有机组织图像，而医生往往需要考虑骨骼有机组织的关系，因而需要利用数字图像处理技术将两种图像适当地叠加起来，以便于医学分析。

3）交通监控领域中的应用：在重要的十字路口安放摄像头，就可以利用摄像头的快速拍照功能，实现对违章、逆行等车辆的车牌进行自动识别、存储，以便相关的工作人员进行查看。

4）在桥梁检测领域中的应用：传统的人工检测法和桥检车法都是依靠人工用肉眼对桥梁表面进行检测，其速度慢，效率低，漏检率高，实时性差，影响交通，存在安全隐患，很难大幅应用。而无损检测包括激光检测、超声波检测以及声发射检测等多种检测技术，它们仪器昂贵，测量范围小，不能满足日益发展的桥梁检测要求。智能化检测有基于导电性材料的混凝土裂缝分布式自动检测系统和智能混凝土技术，也有机器视觉检测技术。导电性材料技术虽然使用方便，设备简单，成本低廉，但是均需要事先在混凝土结构上涂刷或者埋设导电性材料进行检测，而且智能混凝土技术还无法确定裂缝位置、裂缝宽度等一系列问题，距实用化还有较长的差距。

机器视觉检测技术是利用 CCD 相机获取桥梁表观图片，然后运用计算机处理后自动识别出裂缝图像，并从背景中分离出来，然后进行裂缝参数计算的方法，它具有便捷、直观、精确、非接触、再现性好、适应性强、灵活性高及成本低廉的优点，能解放劳动力，排除人为干扰，具有很好的应用前景。

据统计，混凝土桥梁的损坏有 90% 以上都是由裂缝引起的，因此对桥梁的健康检测主要是对桥梁表观的裂缝进行检测与测量。基于机器视觉的桥梁检测技术主要包括三部分：桥梁表观图像的获取技术、基于图像的裂缝自动识别理论与算法以及基于图像的裂缝宽度等病害程度定量化测量方法。

基于机器视觉的自动化、智能化检测技术已经在道路、隧道上得到了成功应用，在桥梁上也得到了初步的应用，但主要集中在视线开阔的高空混凝土构件表观图像获取技术上，在病害的自动识别方面仍停留在理论研究阶段，还无法应用于实际工程中。

（2）机器视觉检测技术的优势

1）效率：工业自动化的快速发展，使生产效率大幅提升，从而对检测效率提出了更高的要求。人工检测效率是在一个固定区间，无法大幅提升，而在流水线重复且机械化的检测过程中，检察人员很容易出现疲劳而导致检测效率降低。机器视觉检测能够更快地检测产品，特别是在生产线检测高速运动的物体时，机器能够提高检测效率，速度甚至能够到达人工的 10~20 倍。

2）精度：由于人员有物理条件的限制，即使是依靠放大镜或显微镜来检测产品，也会受到主观性方面的影响，精度无法得到保证，而且不同检测人员的标准也会存在差异。在精确性上，机器有明显的优点，它的精度能够达到千分之一英寸。而且机器不受主观控制，只要参数设置没有差异，相同配置的多台机器均能保持相同的精度。

3）客观性：人工检测难免会出现疲劳，同时有一个致命缺陷，就是情绪带来的主观性，检测结果会随检察人员心情的好坏发生变化；而机器没有喜怒哀乐，它所带来的检测结果自然更加客观可靠。

4）重复性：机器可以以相同的方法一次一次地完成检测工作而不会感到疲倦；与此相反，人工长期重复性检测肯定会产生疲劳，同时，即使产品是完全相同的，每次检测产品时都会有细微的不同。

5）环境：机器视觉是通过图像摄取装置将目标转换成图像信号，传送给专用的图像处理系统，在测量工件过程中，无须与工件进行接触，因此能够适应恶劣危险生产环境，同时也不会对工件造成接触性损伤；而人工则需要与工件进行接触性检测，因此无法应对恶劣环境，且在检查过程中不可避免地会对工件造成接触性损伤。

6）成本：机器视觉前期投入会比较多，但属于一次性投入，长期产出，由于机器视觉的发展迅速，价格也会逐渐降低；而人工检测则需要长期投入，且人工管理成本会呈不断上升的趋势。由于机器比人工的检测效率高很多，因此长期来看，机器视觉成本会更低。

7）信息集成：机器视觉可以通过多工位检测方法，一次性完成待检产品的轮廓、尺寸、外观缺陷、产品高度等多技术参数的测量；而人工检测在面对不同的检测内容时，只能通过多工位合作协调完成，而不同员工检测标准不一，极容易出现误检的情况。

8）数字化：机器视觉在工作过程中产生的所有测量数据，均可独立拷贝或以网络连接方式拷出，便于生产过程统计和分析。同时还可在检测后导出指定数据并生成报表，无须人工一一添加，这无疑大大优于人工检测的数据统计。

总体来说，机器视觉检测技术对比人工检测具有自动化、客观、非接触和高精度等特点。特别是在工业生产领域，机器视觉强调生产的精度和速度，以及工业现场环境下的可靠性，在重复和机械性的工作中具有较大的应用价值，对企业来说是实现自动化生产重要的一步。机器视觉工业生产线如图 3-16 所示。

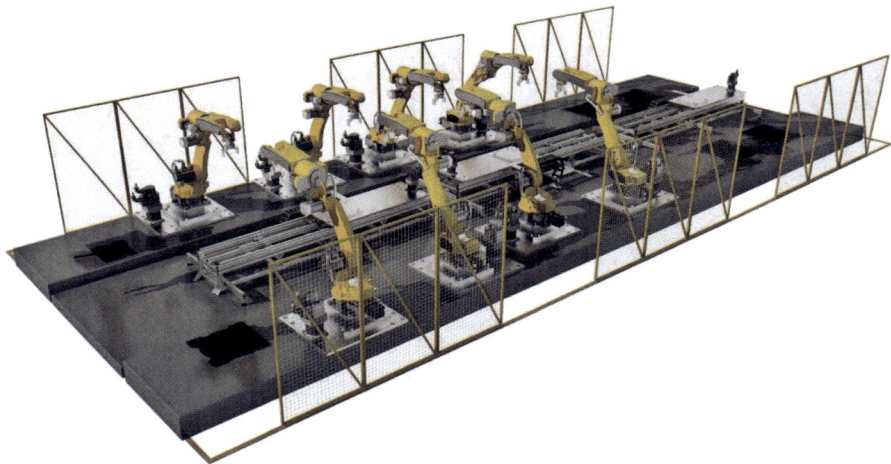

图 3-16　机器视觉工业生产线

3.2.3　无损检测技术

无损检测是指在检查机械材料内部时不损害或不影响被检测对象的使用性能，不伤害被检测对象内部组织的前提下，利用材料内部结构异常或缺陷存在引起的热、声、光、电、磁等反应的变化，以物理或化学方法借助现代化的技术和设备器材，对试件内部及表面的结构、状态及缺陷的类型、数量、形状、性质、位置、尺寸、分布及其变化进行检查和测试的方法。常用的无损检测技术有超声波检测、射线检测、渗透检测、磁粉检测、涡流检测。

1. 超声波检测技术

在弹性介质中（如固体、液体、气体）波源激发的纵波频率小于20Hz为次声波，20~20000Hz为声波，大于20000Hz为超声波。由于超声波可以穿透大多数材料，故可以用来探测材料内部及表面的缺陷，也可用来测量厚度等其他用途。

电源振荡激发高频声波，入射到构件后遇到缺陷，超声波被反射、散射和衰减，由探头接收转换为电信号，再经放大显示，根据波型来判断缺陷的位置、大小和性质，并由相应的判定标准、规范来确定缺陷的危害程度。

（1）超声波探伤技术

超声波探伤仪如图3-17所示。

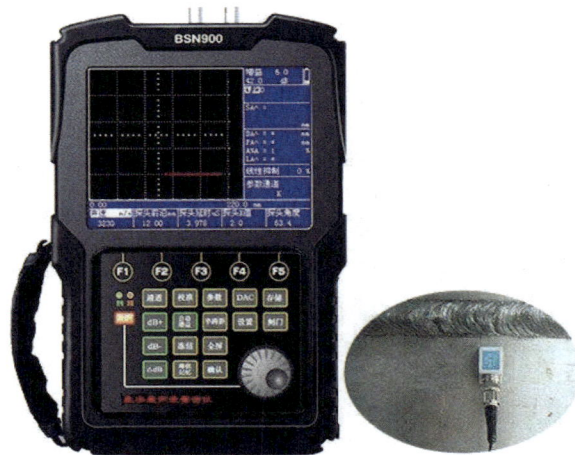

图 3-17　超声波探伤仪

1）基本原理：超声波分为纵波、横波、表面波和板波。超声波探伤中广泛应用的是纵波，因为纵波的产生和接收比较容易。横波多用于焊缝的超声波探伤。表面波沿着金属表面进行传播，对表面缺陷非常敏感，可用以探测复杂形状的表面缺陷。板波可对薄板进行检测。

超声波探伤系统由超声波探伤仪和探头组成，一般使用耦合剂，和探头接触的金属表面要进行打磨，形成光滑清洁的表面。

2）超声波探伤方法：应用最广泛的方法是脉冲反射法，即超声波发射进入被测金属，然后接收从缺陷处反射回来的回波，用以判断缺陷的一种方法。超声波探伤方法又分为垂直探伤法和斜角探伤法。垂直探伤法主要用于铸件、锻件、板材和复合材料的检测。斜角探伤法主要用于探测焊缝、管件等内部缺陷。

3）超声波探伤技术的特点：超声波探伤技术应用非常广泛，用以探测构件中的不连续性的缺陷，提供不连续三维位置的信息，给出可用来评估缺陷的数据。例如检测焊缝的缺陷，传动轴、高强螺栓及材料夹层的缺陷等。该技术的主要特点如下。

①材料种类和厚度范围广泛。

②可提供缺陷的尺寸、深度、位置和性质，判断准确。

③对人身、材料无损害。

④便于携带，检测成本低，操作灵活、及时。

⑤要求操作人员具备较高的知识水平和专业技能。

（2）超声波测厚技术

超声波测厚技术指利用超声波来检测材料的厚度，检测速度快。采用数字式超声波测厚仪进行检测可直接显示厚度。

高温下应使用高温压电测厚仪，并使用高温耦合剂，使用高温压电测厚仪应在标明的使用温度范围内使用，不适于不锈钢铸件等晶粒粗大材料的测量。

2. 射线检测技术

（1）基本原理

射线检测技术是常用的检测技术，用以检测材料的内部缺陷。常用的射线有两种类型，即 X 射线和 γ 射线，如图 3-18 所示。

X 射线：指高速电子流射到某些固体表面（靶子）上时，产生特殊的射线。

γ 射线：放射性同位素（如 60Co）可发射出波长很短的电磁波，即 γ 射线，速度达到光速。

射线具有极强的穿透能力，从材料的一个侧面照射，射线穿透材料，使另一面的胶片感光，显示出检测到的缺陷。还可转换成可见光，用电视摄像来显示探测到的缺陷。通过计算机断层分析可确定缺陷的位置和空间尺寸。

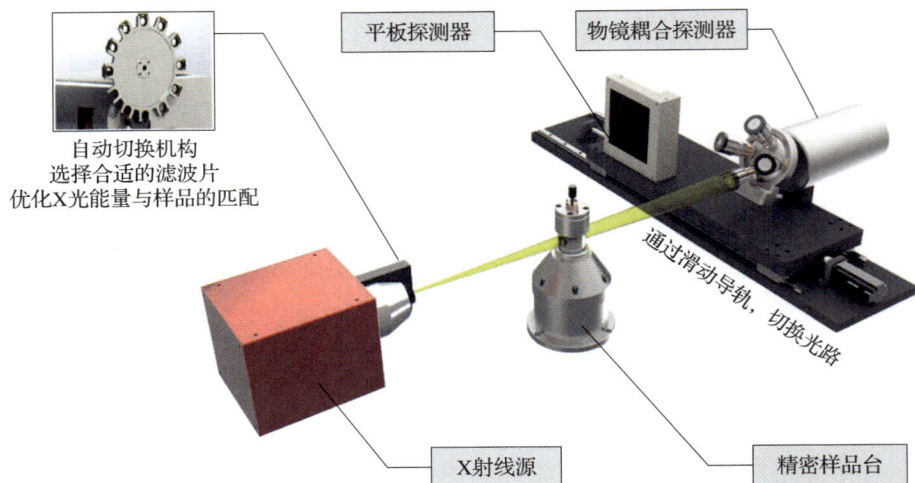

图 3-18　射线检测技术原理

（2）技术应用及特点

射线检测技术主要用于检查铸件的缩孔、气孔、非金属夹渣，焊缝的不连续性缺陷等。其特点是检测缺陷直观，底片可长期保存，适用范围广，成本低，操作人员业务能力和经验水平较超声波检测技术要求低。

X 射线和 γ 射线检测技术的对比如下。

1）X 射线检测技术：仪器尺寸大，不便于携带，穿透力较高，用于较厚材料（钢构件厚度为 120mm）检测，不衰减，可调节射线源强度，对人体有害，需要电源。

2）γ 射线检测技术：仪器尺寸小，便于携带，穿透力强，用于厚壁材料（钢构件厚度可达 300mm），衰减，射线源强度不可调，对人体危害大，不需电源。

3. 渗透检测技术

渗透检测技术是将渗透剂涂于清洁的被检查的部件表面，如果表面有开放性缺陷时，渗透剂则渗透到缺陷中去，去除表面多余的渗透剂，再涂上显影剂，缺陷就显现出痕迹，采用天然光或紫外线光观察，判断缺陷的种类和大小。

（1）基本操作方法

1）清洗：去除金属表面的油污、锈斑及涂料等，待干燥。

2）涂以渗透剂：大约 5min 后，将表面的渗透剂用水或溶剂清除。

3）显像：将显影剂喷涂在金属表面上，干燥后如有缺陷很快就显示出来。如使用荧光显影剂，则需在紫外线照射下观察缺陷。

4）清除表面的显影剂：注意有些渗透剂可能含氯化物，不能用于奥氏体不锈钢。

（2）适用范围

渗透探伤适用于检测各种材料和各种形状的构件表面缺陷。其设备简单，便于携带，操作简单易学，检测的效果直观，成本低廉，用于表面开放型的缺陷。只对缺陷做出定性判断，需凭经验对缺陷的深度做出粗略的估计。

4. 磁粉检测技术

（1）基本原理

磁粉检测技术的基本原理是将铁磁性材料（铁、钴、镍）置于强磁场中，使其磁化，如果其表面或近表面存在缺陷，就会有部分磁力线外溢形成漏磁场，对施加在其表面的磁粉产生吸附作用，磁粉缺陷部位显示出缺陷的痕迹，反映出缺陷的取向、位置和大小。磁粉探伤检测仪如图 3-19 所示。

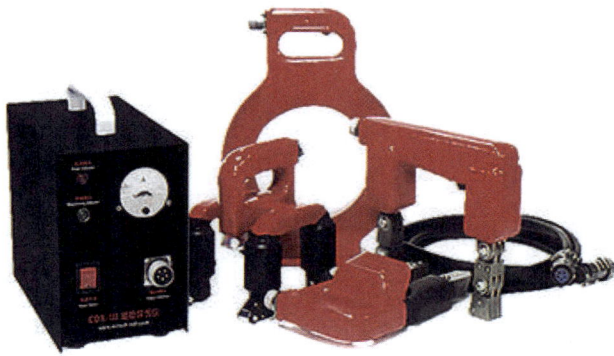

图 3-19　磁粉探伤检测仪

（2）操作工艺

1）预处理：清除金属表面油污、涂料和铁锈等。

2）磁化：根据构件的大小、形状及缺陷的可能类型选择磁化方法，按规程进行操作。

3）施加磁粉：将磁粉或磁悬液施加在磁化的构件上。

4）检查：如果使用非荧光磁粉，可利用自然光观察磁粉的聚集状态，判定缺陷的部位和大小等。如果使用荧光磁粉，则需在暗室内利用紫外线照射检查。

5）后处理：检查后进行退磁，清除磁粉等操作。

5. 涡流检测技术

（1）基本原理

涡流检测技术的基本原理是利用电磁感应来检测导电材料的缺陷。涡流检测探头或线圈使用交流电，其交变磁场诱发被测试的部件产生涡流电流，部件的缺陷引起涡流电流强度和分布状况的变化，并显示在阴极射线管或仪器上，根据测试涡流电流的变化来判定缺陷。

（2）技术应用

涡流检测技术主要用于导电体（钢铁、有色金属、石墨）的表面及近表面缺陷的探伤，检查腐蚀、变形、厚度测量、材料分层等，可提供缺陷的深度尺寸。多用于检查电站、原子能、化学工业、化肥工业等使用的锅炉、冷凝器、炉管、管道等设备的缺陷，如裂纹、腐蚀、变形等。采用涡流检测技术，检测速度快，准确性高，可进行定量检查，其厚度误差为 ±0.05mm，还可以实现自动检测和记录，实现自动化和计算机的数据处理。但是，难于用于形状复杂的构件。

科普小百科

无损检测技术的应用

无损检测服务是保障工业安全与可靠性的一项重要手段。它能够在不破坏被检测物体完整性的情况下，及时发现和解决问题，确保设备和工程的长期安全运行。通过应用无损检测技术，企业可以减少潜在的风险，提高生产效率，降低维修成本。

无损检测技术广泛应用于各种工业领域，如航空、航天、石油化工、交通运输、建筑、电子电气等。

（1）航空、航天领域

在航空航天领域，对飞行器、火箭、卫星等高精密度设备的质量和安全性能要求极高。无损检测技术在这里发挥着至关重要的作用。例如，对于飞机的机翼、发动机等关键部件，采用超声波探伤、磁粉探伤等无损检测方法，可以有效地检测出内部的裂纹、缺陷等，确保飞行器安全飞行。

（2）石油化工领域

石油化工行业涉及大量的压力容器、管道等设备，这些设备的安全性能直接关系企业的生产安全和环境保护。无损检测技术在这里也发挥着重要作用。例如，通过射线检测、超声检测等方法，可以对压力容器的焊缝进行质量检测，确保其在高温高压环境下的安全性能。

（3）交通运输领域

在交通运输领域，无损检测技术同样具有重要意义。例如，在桥梁、隧道等基础设施建设过程中，采用声波透射法、电磁波检测法等无损检测方法，可以有效地检测出混凝土结构的裂缝、空洞等问题，为工程的顺利进行提供有力保障。此外，在铁路、公路等运输设施的建设和维护过程中，无损检测技术也发挥着关键作用。

（4）建筑领域

在建筑领域，无损检测技术主要应用于钢结构、混凝土结构等方面。通过超声波探伤、磁粉探伤等方法，可以对建筑物的钢筋、钢结构件等关键部位进行质量检测，确保建筑物的安全性能。同时，在建筑物的使用过程中，无损检测技术还可以对建筑物的结构进行定期检查，及时发现并处理潜在的安全隐患。

（5）电子电气领域

在电子电气领域，无损检测技术主要应用于半导体、电子元器件等方面。通过 X 射线检测、红外热像检测等方法，可以对半导体芯片、电子元器件等关键部件进行质量检测，确保电子产品的安全性能和可靠性。

无损检测服务的另一个重要优势是提供了全面的数据分析和评估。通过使用先进的数据采集和分析技术，检测专家能够准确地评估设备或结构的健康状况，识别出任何异常或潜在问题的迹象。这种及早的发现和预测能力使企业能够采取相应的措施，避免设备故障和生产停机，提高生产效率和运营成本。

思考与练习

【单选题】

1. 产品数据的数字化处理是指将产品的相关信息转化为（　　）形式，建立数字模型，以实现产品的数字化管理和生产制造。

　　A. 信息化　　　B. 数字化　　　　C. 智能化　　　　D. 网络化

2. 根据产品数字化图片或影视画面提供的几何维度和色彩维度信息，实现模型重构，称为（　　）。

　　A. 逆向反求　　B. 影像反求　　　C. 软件反求　　　D. 实物反求

3. 相对于传统的材料去除（切削加工）技术，增材制造是一种（　　）材料累加的制造方法。

　　A. 自下而上　　B. 自上而下　　　C. 由内向外　　　D. 由外向内

4. 智能检测技术为何有助于提高生产质量？是因为它可以（　　）。

　　A. 降低检测成本　　　　　　B. 提高生产速度

　　C. 自动检测和缺陷识别　　　D. 增加工人数量

5. 为了推动可持续发展，智能检测技术通常被用于（　　）领域。

　　A. 赛车竞技　　　　　　　　B. 空间探索

　　C. 医疗保健　　　　　　　　D. 垃圾处理

6. 智能检测技术的发展对社会有哪些潜在影响？影响主要有（　　）。

　　A. 增加资源浪费　　　　　　B. 减少就业机会

　　C. 提高生活质量和安全性　　D. 增加环境污染

【多选题】

1. 逆向工程技术包括（　　）等。

　　A. 几何逆向反求　　　　　　B. 材料逆向反求

　　C. 工艺逆向反求　　　　　　D. 智能商业模型

2. 仿真的基本步骤包括（　　　）。

A. 研究系统　　　　　　　　　B. 建立系统模型

C. 建立仿真模型　　　　　　　D. 运行仿真模型输出结果

【填空题】

1. 虚拟现实系统包括 _____、_____ 和 _____ 3 个基本要素。

2. VMS 的建模包括 _____、_____ 和 _____ 3 种模型。

3. 制造系统仿真包括 _____、_____ 和 _____ 等。

4. 智能检测技术的主要目标是 _____ 检测任务。

5. 传感器的作用是 _____ 信息。

【简答题】

1. 智能设计技术有哪些特点？

2. 虚拟制造在智能制造生产过程中有哪些实用技术？

3. 举例说明智能检测中声音和语音分析技术的应用。

4. 在射线检测技术中，X 射线和 γ 射线检测技术有何区别？

04

第 4 章
智能制造技术融合

知识目标

- 了解工业自动化和控制系统，包括PLC、CNC、机器视觉等技术。
- 理解物联网和传感器技术，用于实时监测和数据采集，以支持生产设备的连接和数据驱动的决策制定。
- 学习如何处理和分析大规模的生产数据。
- 了解云计算和边缘计算技术，以实现数据存储、处理和分发的有效管理，同时确保数据的安全性和可用性。
- 了解人工智能和机器学习方法，用于预测性维护、质量控制、生产优化和自动化决策。
- 理解数字孪生、数字化工厂等的实际应用。

科普素养目标

- 了解智能制造中的数据隐私和网络安全问题，以及如何保护个人和商业数据。
- 了解如何使用智能制造技术来鼓励创新、减少资源浪费，实现可持续发展。

微课 21

4.1　智能制造与工业大数据

4.1.1　什么是工业大数据

工业大数据是指在工业领域中，围绕典型智能制造模式，从客户需求到销售、订单、计划、研发、设计、工艺、制造、采购、供应、库存、发货和交付、售后服务、运维、报废或回收再制造等整个产品全生命周期各个环节所产生的各类数据及相关技术和应用的总称。

1. 数据来源

在智能制造领域，大数据的主要来源有两个，第一个数据来源于智能设备。在智能制造工厂，工人可以带普适感应器等智能设备来参加生产和管理。第二个数据来源于人类轨迹产生的数据，包括在采购、生产、物流与销售市场的内部流程以及外部互联网信息等产生的数据。通过行为轨迹数据与设备数据的结合，大数据可以帮助我们实现对客户的分析和挖掘。

2. 数据的关系

数据必须要放到相应的环境中一起分析，才能了解数据之间的关系，分析出问题的根本原因。例如，每一款新机型在交付给航空公司之前都会接受一系列残酷的飞行测试。极端天气测试就是多项严酷的测试之一。该测试的目的是为了确保飞机的发动机、材料和控制系统能在极端天气条件下正常运行。

问题的处理关键在于找到产生问题的根源，而对错误的消除，关键在于解决方案的可靠有效。一旦找到并确定了根本原因，同时产生了可接受的应急措施，就可把问题当成一个已知错误来处理。问题调查的过程一定需要收集所有可用的、与事件相关的信息来确定并消除引起事件和问题的根本原因。数据采集与分析必须要与

事件 / 问题发生的环境数据结合。

3. 数据的收益

大数据不仅要关注实际数据量的多少，更要关注大数据的处理方法在特定场合的应用，让数据产生创新价值。如果离开了收益考虑或投资回报的设计，一味寻求大数据，既无法落地，也无法为企业创造价值。

4.1.2 工业大数据分析与类型

1. 工业大数据分析

生产执行系统（MES）与飞机发动机健康管理系统如出一辙。我们可以从工厂的生产中，实时采集到海量的流程、变量、测量结果等数据。这些数据都是在制造环境中设备或资产连接后所产生的。然而基于大量数据集而生成的报表，或是基础统计的分析并不足以称之为制造业的大数据分析。

当代大数据处理技术的价值在于技术进步，这也使得大数据成为商业中有价值的核心驱动因素。作为智能制造的"三驾马车"之一，工业大数据分析已经被多数的制造企业所认知并接受。

2. 工业大数据类型

大数据不仅仅是大量的数据的堆积。大数据的重要属性之一就是不断变化的数据类型。如果只是大量采集同一类型的数据，再大的数据量都不能称之为大数据。

数据必须包括高度可变性和种类多样性。制造工厂中存在无数的大数据应用，但并不包括简单的分类和展示一连串的流程测量结果，因为这些工作由基本的统计展现就可以完成。

4.1.3 工业大数据在智能制造领域的应用

1. 工业大数据的应用范围

工业大数据覆盖工业生产的全流程和产品的全生命周期，典型应用包括产品创新、产品故障诊断与预测、工业生产线物联网分析、工业企业供应链优化、产品精准营销、生产计划与排程和产品质量管理与分析等诸多方面。它所表现出来的核心技术优势体现在采集与预处理、存储与管理、分析与挖掘、展现与应用上。

2. 工业大数据的应用场景

工业大数据能够参与到从工厂内部的缩短研发和设计周期、生产工艺与流程优化、生产设备维护预警、能源消耗管控到外部的供应链体系优化、个性化定制、助力企业服务化转型等各个环节，可以在不同应用场景下发挥着核心的驱动作用。

案例

沈阳机床："终端＋云端＋商业模式"带动行业发展

智能制造装备成为我国高端装备制造重点发展方向之一。机床是装备制造业的工作母机，是先进制造技术的载体和装备工业的基本生产手段。沈阳机床集团作为我国机床行业骨干企业，肩负着我国机床制造业从传统向现代、从中低端向高端发展的重要使命。

我国是全球第一机床消费大国，占有全球30%的市场。同时，我国机床行业整体存在大而不强，数控系统和功能部件发展滞后，产品同质化竞争严重，行业整体经济效益差等问题。沈阳机床集团立足于自主研发的 i5 数控系统，结合新一代信息技术与大数据应用，以分享共赢的商业理念布局工业互联网服务平台，面向机加工行业提供"终端＋云端＋商业模式"完全贯通的智能制造解决方案，支持机加工行业上下游企业协同发展，带动整个机床行业经济效益的增长。

机床的数字化是沈阳机床集团的智能制造解决方案的起点，机床作为生产过程的数据中心，通过对机床关键参数的采集、存储、分析和处理，获得对制造过程的感知能力，形成基于机床运行数据的智能化功能。例如能耗分析功能，通过采集功率负载与电流信息，能够实现对设备进行状态分析、能耗分析、加工过程状态监测分析以及对加工方案进行多维度量化评价。

同样基于机床运行大数据，可以实现机床健康度诊断（合理选择能够反映设备健康状态的指标数据，通过高频采集模式，进而基于这些指标数据进行设备健康状态的评估）、L 指数分析（'L 指数即 Life 指数'是一套用于评价设备或部件单元的生命值指数的体系，基于全生命周期的价值链分享理念，通过实时采集设备运行数据，采用特定的数学模型，得出与设备使用条件和使用历史相关的 L 指数）与预防性维护（根据设备使用数据分析，及时预警机床故障，进而进行定期维护，保障设备长期安全可靠运行）。

我国机床用户多为中小企业，普遍存在的情况是研发设计、制造、销售与服务等环节基本在企业内部独立完成，机床设备独立工作，相互之间不存在交互，不具备协同工作的能力，造成产能等生产资源的分配不合理和浪费。另一方面，用户企业因为规模和效益的限制，对企业信息化改造投入不足，加剧了生产设备成为"信息孤岛"的现象。

为解决企业生产信息集成度不高的问题，沈阳机床集团建设工业服务平台——iSESOL云制造服务平台（见图4-1），通过接入设备对象的扩充和开放，实现从不同设备到完整制造系统数据接入，为广大的中小型机加工企业提供云化SaaS服务。产能、数据、金融、安全等各种要素被有机集成，形成了基于订单和生产数据的机床租赁服务，专注于产能交易与加工服务的产能云服务、按需体验式定制服务的定制云服务、区域合作与装备协同的区域云

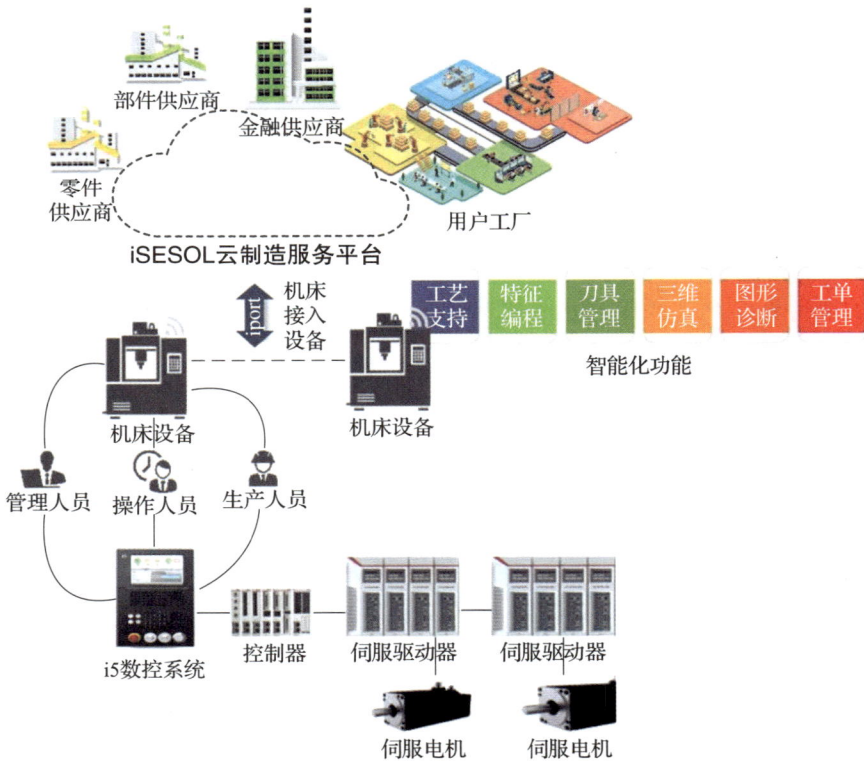

图4-1　iSESOL 云制造服务平台

服务、产能数据预测式分析的数据云服务、新一代加工从业培训的培训云服务。实现制造过程的跨组织数据穿透，形成全球互联的虚拟工厂。

在此基础上，iSESOL 云制造服务平台接入基于民众的创新和设计能力，工艺师、设计师等各种智力资源也可以被展示和交易，参与到机加工产业链的协同和价值分享；同时物流服务企业的接入使得从原材料到机加工产品可以实现由平台调配的第三方灵活供给，实现资源的优化配置。基于平台的开放性，iSESOL 云制造服务平台连接社会的制造资源，实现了从机床全生命周期维护到虚拟智能工厂的行业全链条解决方案，形成了完整的制造生态系统。基于 iSESOL 云制造服务平台，制造业用户及设备制造商可以分享该平台的渠道资源、人力资源、设计资源，基于工业互联网的商业模式可以获得快速的复制。

▶ 微课 22

4.2 智能制造与工业互联网

4.2.1　什么是工业互联网

工业互联网是一种通过互联网和物联网技术连接和集成生产系统和企业的各个环节，实现企业内部和外部资源的共享和协同，提高生产效率和资源利用率的生产方式。工业互联网技术包括传感器技术、云计算、大数据分析、人工智能等。工业互联网是 5G 时代新一代信息通信技术与工业经济深度融合的新型基础设施、应用模式和工业生态，是数字经济的重要组成部分以及中国工业转型升级和创新发展的重要驱动力。

智能制造和工业互联网的结合，可以实现生产过程的数字化、智能化和自动化，提高生产效率，降低生产成本，提升产品质量和产品设计能力，并且可以满足市场的多样化需求。同时，智能制造和工业互联网的发展也对制造企业提出了新的要求，即要具备更高的技术能力和管理能力，要推动传统制造业向高端智能制造转型升级。

近年来，中国工业互联网快速成长，已全面融入 45 个国民经济大类。截至 2023 年上半年，中国工业互联网的产业规模已超 1.2 万亿元，工业互联网技术体系及关键技术已成为基础设施要素升级和集成创新的重要支撑，工业互联网平台资源配置能力显著增强，重点平台工业设备连接数量大幅增长。

4.2.2　智能制造与工业互联网的特征、侧重点

1. 智能制造系统的特征

（1）自律能力

搜集与理解环境信息和自身的信息，并进行分析判断和规划自身行为的能力。强有力的知识库和基于知识的模型是自律能力的基础。

（2）人机一体化

智能制造系统是人机一体化智能系统，突出人在制造系统中的核心地位，同时在智能机器的配合下，更好地发挥出人的潜能，使人机之间相互协作、相辅相成。

（3）虚拟现实技术

虚拟现实（Virtual Reality）技术能模拟实际制造过程和未来的产品，从感官和视觉上使人获得完全如同真实的感受。这种人机结合的新一代智能界面，是智能制造的一个显著特征。

（4）自组织超柔性

智能制造系统中的各组成单元能够依据工作任务的需要，自行组成一种最佳结构，其柔性不仅突出在运行方式上，而且突出在结构形式上，所以称这种柔性为超柔性，如同一群人类专家组成的群体，具有生物特征。

（5）学习与维护

智能制造系统能够在实践中不断地充实知识库，具有自学习功能。同时，在运行过程中自行诊断故障，并具备对故障自行排除、自行维护的能力，能够自我优化并适应各种复杂的环境。

2. 工业互联网的特征

（1）智能机器

以崭新的方法将现实世界中的机器、设备、团队和网络通过先进的传感器、控制器和软件应用程序连接起来。

（2）高级分析

使用基于物理的分析法、预测算法、自动化和材料科学、电气工程及其他关键学科的深厚专业知识来理解机器与大型系统的运作方式。

（3）工作人员

建立员工之间的实时连接，连接各种工作场所的人员，以支持更为智能的设计、操作、维护以及高质量的服务与安全保障。

3. 智能制造和工业互联网的侧重点

工业互联网侧重基于数据资产的智慧服务，将互联网技术和思维模式引入到工业的生产组织当中去，使得日常生产中的海量数据信息传递、集成、挖掘成为可能，主要由工业平台为企业提供定制化的服务，帮助企业上云。

智能制造侧重于工业制造，是信息技术与制造技术的深度融合和集成，通过对市场用户的数据收集，优化制造产业链过程，最大程度提升效率，提高生产的灵活性和高质量，实现工厂智能自动化，是全球工业的终极目标。

4.2.3 智能制造与工业互联网的联系

1. 工业互联网是智能制造的基础

智能制造与工业互联网有着紧密的联系，智能制造的实现主要依托两方面的基础能力。一是工业制造技术，包括先进装备、先进的材料和先进的工艺等，是决定制造边界与制造能力的根本；二是工业互联网，包括智能传感控制软硬件、新型工业网络、工业大数据平台等综合信息技术要素，是充分发挥工业装备、工艺和材料潜能，提高生产效率、优化资源配置效率、创造差异化产品和实现服务增值的关键。因此，工业互联网是智能制造的关键基础，为其变革提供了必需的共性基础设施和能力，同时也可以用于支撑其他产业的智能化发展。

从智能工厂系统架构（见图 4-2）可以看出，智能制造是侧重于生产制造环节的，致力于产品全生命周期的数字化与智能化。

智能制造的基础是生产和产品数据的采集、传输、处理、分析及应用，上述数据操作需要一个端到端的网络平台作为管道和载体，这个网络平台就是工业互联网，在结构上位于产线级和车间级之间。

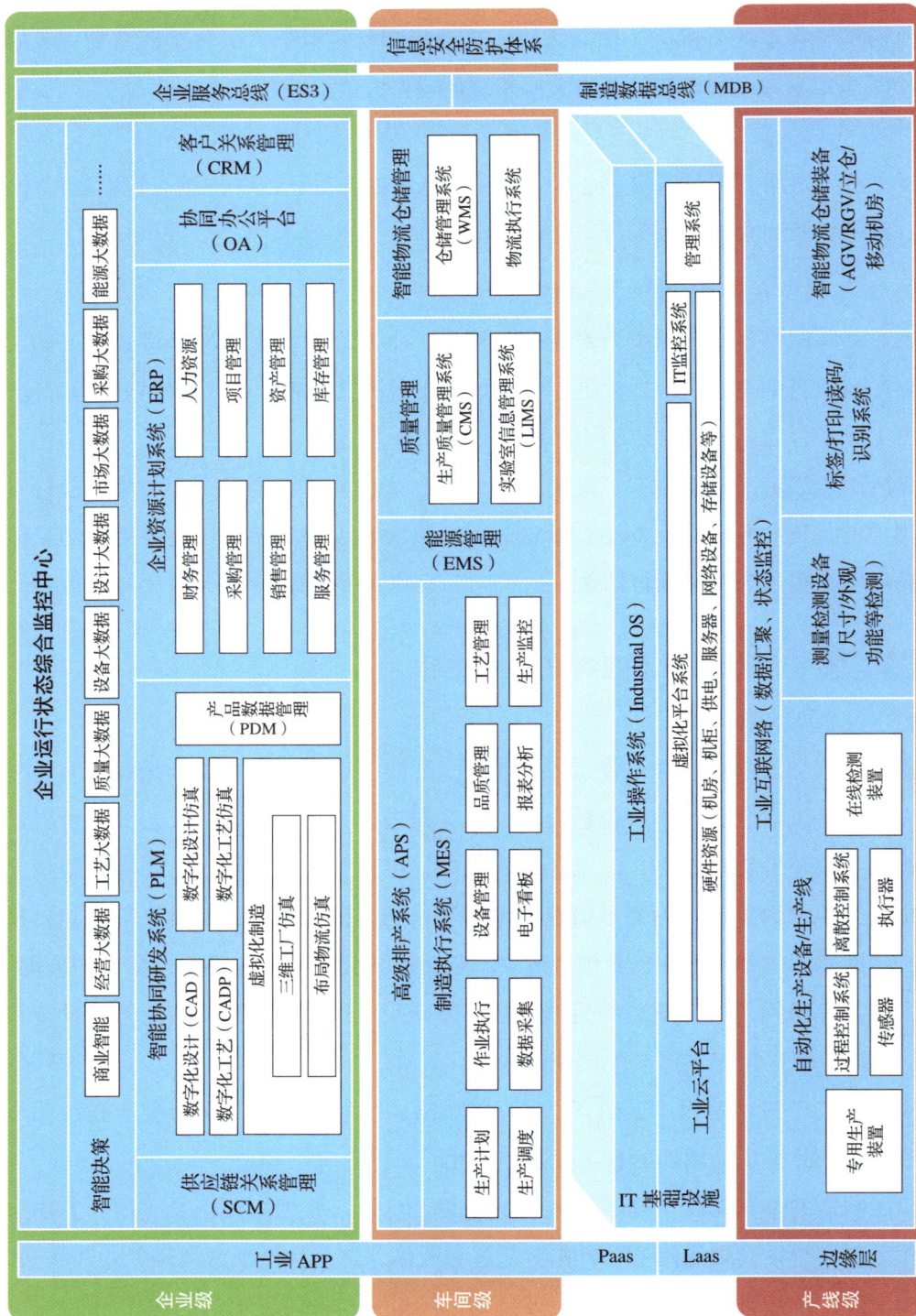

图 4-2　智能工厂系统架构

2. 智能制造与工业互联网相辅相成、相互促进

（1）工业互联网助力智能制造

从能力供给角度讲，工业互联网主要通过五大技术来支持实现智能制造，包括工业软件技术、工业网络技术、工业平台技术、工业安全技术及工业智能技术。

1）工业软件技术：实现云化和 APP 化部署，消除信息孤岛，实现数据的自由流通。

2）工业网络技术：连接人、机、物、法、环及料等生产要素，实现全生产链、全价值链的互联互通。

3）工业平台技术：实现端到端的数据采集、处理和分析，在形态上包括边缘平台、云平台等。

4）工业安全技术：设备、网络、平台及数据等的安全保障，为智能制造提供安全防护系统。

5）工业智能技术：实现全生产链、全价值链的数据的深度应用，优化生产流程，完善服务体系的必要手段。

因此，网络、数据、安全是工业互联网的重要内容，"网络"支撑工业系统互联和工业数据交换，"数据"驱动工业智能化，"安全"保障网络与数据在工业中的应用，同时，工业互联网反馈的应用效果能够优化智能制造的设计，进而促进企业通过智能制造实现业务目标。

工业互联网对智能制造的支撑作用体现在商业模式创新、生产模式创新、运营模式创新和决策模式创新等方面，具体内容如图 4-3 所示。

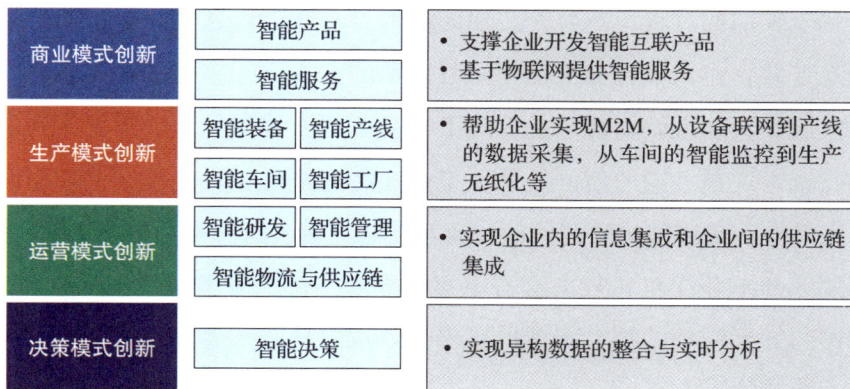

商业模式创新	智能产品	· 支撑企业开发智能互联产品
	智能服务	· 基于物联网提供智能服务
生产模式创新	智能装备　智能产线	· 帮助企业实现M2M，从设备联网到产线的数据采集，从车间的智能监控到生产无纸化等
	智能车间　智能工厂	
运营模式创新	智能研发　智能管理	· 实现企业内的信息集成和企业间的供应链集成
	智能物流与供应链	
决策模式创新	智能决策	· 实现异构数据的整合与实时分析

图 4-3　工业互联网对智能制造的支撑作用

（2）智能制造推动工业互联网升级

智能制造中的工业互联网强调构建从设备端到边缘端再到云端的全栈式的平台和网络的能力。智能制造的数字化、网络化、智能化程度取决于上云的数据维度、数量和质量，同时影响工业互联网服务的产业宽度和深度。

与传统互联网相比，工业互联网致力于通过生产要素的互联互通形成全面的数据驱动智能制造，在这个过程中，工业互联网自身也演进并构建出面向智能制造的三大优化闭环。

其一，设备运行优化的闭环，基于对设备数据、生产数据的实时感知和边缘计算，实现设备的动态优化调整，构建智能机器和柔性产线。

其二，生产运营优化的闭环，基于信息系统数据、制造执行系统数据及控制系统数据等的集成处理和大数据建模分析，实现生产运营管理的动态优化调整，形成各种场景下的智能生产模式。

其三，面向企业协同、用户交互和产品服务优化的闭环，基于供应链数据、用户需求数据及产品服务数据等的综合集成和分析，实现企业资源组织和商业活动的创新，形成网络化协同、个性化定制、服务化延伸等新模式。

总体而言，智能制造与工业互联网都属于先进工业范畴的理念，既互相联系，又各不相同。智能制造源于人工智能的研究，是人工智能与制造技术的融合，是制造技术发展，特别是制造信息技术发展的必然，也是自动化和集成技术纵深发展的结果。工业互联网是工业与互联网结合的产物，整合了工业革命和网络革命的优势。

智能制造是制造业追求实现的结果与目标，致力于实现整个制造业价值链的智能化，是一个长期的过程，需要先实现制造的自动化、信息化，再借助数字化、网络化，最终走向智能化，也是工业互联网落地的方式之一。而工业互联网是实现智能制造的发展模式和有效途径，是传统工业变革的一种工具，也是智能制造的关键基础设施，或者说是关键的使能技术，工业互联网是工业企业数字化转型的核心生产要素和推动力，智能制造需要借助工业互联网打造全新的工业生态系统。

随着技术的不断深化，未来会有更多的企业借助工业互联网实现智能化生产，工业互联网与智能制造的结合将帮助更多企业迈向新的发展阶段，在愈加激烈的市场竞争中占据优势地位。

智能制造协同平台打造柔性化生产线

在某家居集团股份有限公司的自动化木门生产车间，经过复合、裁切等工序，一扇扇个性化"定制版"木门不断被加工成型。

定制木门，客户的需求极其多样化，为了能够更好地满足客户的需求，该家居公司通过产品数字化、模块化设计、个性化组合和生产流水线智能化建设，创新搭建了个性化大规模家居智能制造协同平台。

该智能制造协同平台由智能营销、3D研发设计、智能制造运营、供应商管理、数字化决策支持等子平台组成，通过信息化集成和协同，将客户个性化定制平台与客户关系管理系统、供应链管理系统、生产过程执行系统进行全面协同，并将个性化定制平台的客户需求与产品设计、原料采购、订单处理、生产制造、仓储运输、物流配送及安装售后等环节高效整合，建立快速反应、服务全程自动化、透明化、数字化的高效智能处理体系，实现核心业务的一体化、模型化、多元化运营。

以前装修房子，设计图纸多为CAD黑白图纸，从图纸定稿到开始装修，设计师要与客户来回沟通、反复画图。为了有效提高沟通效率，快速让客户体验到家居空间效果，该家居公司通过智能制造协同平台，运用三维设计软件，客户就可以与设计师零距离在线交流，以类似"搭积木"的方式，实现非标材料在线挑选，自由组合生成设计图纸，并快速形成装修设计的效果图，还可以通过快速变更模型来改变设计方案，给客户更好的设计体验。

设计方案确定后，智能制造协同平台的订单系统按照客户需求，对产品进行三维建模，并通过生产软件系统自动拆解为相应的生产部件，同时平台还可根据订单时间要求，将订单涉及的生产部件区分为通用件、专用件、非标件后，再合理安排投入生产线，实现柔性生产。

进入该家居公司的智能化生产车间，设备感知系统、产线自动配送系统等不同生产类型的设备成片规整设置，生产、包装等环节一目了然。该家居公司个性化定制已全部实现从投料到成品的流水式柔性混流生产加工，能快速满足消费者个性化需求；智能制造单线效率可以做到1分钟1扇木门。工业互联网平台的建设，不仅解决了木作行业调度难、排程难、质量控制难等问题，还实现了木作的多规格、小批量、个性化生产。

统计显示，该平台运用后，该家居公司的运营成本降低了约20%，产品研制周期缩短了近30%，生产效率提升了20%以上，产品不良品率也大大降低。

4.3 智能制造与工业物联网

微课 23

4.3.1 什么是工业物联网

工业物联网（Industrial Internet of Things，IIoT）是物联网在工业领域的应用，它将具有感知、监控能力的各类采集、控制传感器或控制器，以及移动通信、智能分析等技术不断融入工业生产过程各个环节。其目的是提高生产制造效率，提高工业管理水平，在改进产品质量的同时降低生产损耗，实现真正意义上的"降本增效"。

工业物联网在技术架构上分为感知层、通信层、平台层和应用层。

1）感知层：主要由传感器、视觉感知和可编程逻辑控制器等器件组成。感知层一方面可以主动采集生产环境中各种类型的信号，如图像、温度、湿度、磁场、声波、电能量等，另一方面可以接收上层管理系统下达的操作命令，自动执行具体的工业操作。

2）通信层：主要由各种网络设备和线路组成，也就是物联网中的网络载体，包括有线网络通信和无线网络通信两种主要形式。

3）平台层：作用是提供公共的数据、知识和技术能力。当底层终端传输的数据关联和结构化解析之后，沉淀为平台数据，并可从中不断提炼出有价值的专业知识。

4）应用层：主要根据不同行业、领域的具体数字化需求，落地为垂直化的应用软件，通过整合平台层沉淀的数据和用户配置的控制指令，实现对终端设备的高效应用，具体技术形态有 MES、仓库管理系统、设备管理系统、能源管理系统、智能调度系统等。

科普小百科

工业互联网和工业物联网的区别

工业互联网是信息通信技术革命与传统工业全流程相结合的产物，其本质是把设备、生产线、工厂、供应商、产品和客户紧密连接融合起来，帮助制造业企业拉长产业链，形成跨设备、跨系统、跨厂区、跨地区的"互联互通"，推动整个制造服务体系的协同化、精益化、智能化。

因此，工业互联网不是工业的互联网，而是工业互联的网。工业互联网和工业物联网的区别如下。

- 工业互联网涵盖了工业物联网的技术部分，工业互联网是要实现人、机、物的全面互联，追求的是业务数字化；而工业物联网强调的是物与物的连接，追求的是生产自动化。
- 工业互联网是叠加在工业物联网上的"数字化应用场景"；工业物联网充当的是其底层"基建"的角色，重点关注的是在设备层和网络层的连接，负责打通人、机、物之间的关键数据流。
- 工业互联网偏向于关注如何精准地管理和决策；工业物联网偏向于关注如何高效地操作和执行。

4.3.2　工业物联网的安全问题

随着物联网设备的普及和数据的不断收集，如何保障数据的安全性和完整性成为当前智能制造过程中的重要课题。工业物联网的安全问题主要有以下 3 点。

1）许多企业仍在使用传统的系统和流程，这使得工业物联网集成变得异常困难。采用新技术可能会使现有设备变得更为复杂，并留下更大的出错空间。

2）网络安全问题。任何网络都可能遭黑客入侵。为防止重大违规事件和停工发生，使用工业物联网的行业必须采取新方法来安全地管理设备和数字组件。

3）设备管理和更新。采用更多的工业物联网设备意味着需要有一种有效的方式进行追踪。此外，设备必须保持更新才能正常运行。设备和软件需要接收定期更新，需要安装另一个系统来追踪这些更新并确保其正确安装。

4.3.3 工业物联网与智能制造的联系

1. 融合

通过工业物联网，企业可以对供应链进行实时监控和优化。结合 5G 技术，企业可以实现更快速的数据传输和处理，提高供应链的透明度和效率。因此，工业物联网与智能制造融合能够实现产品设计智能化，如数码设计、虚拟空间设计、多媒体设计及远程设计等，并且在产品中融入现代信息技术，使产品实现更多的智能化功能，满足消费者的多样化需求。工业物联网可以实时获取并分析生产现场的当前数据，将生产过程中的数据实时展示在图表中，使得数据间的关系清晰可见。

2. 互动

物联网技术是实现智能制造的重要手段，为智能制造提供了数据支持和网络基础。智能制造的核心在于实现生产过程的自动化、信息化和智能化，这需要大量设备、传感器和系统的连接和数据交互。以智能仓储系统为例，它就是基于物联网技术，通过在仓库中安装传感器和 RFID 标签，可以实时监测货物的位置和数量。当货物需要调度时，系统可以自动识别货物的位置，并指导机器人将货物送到指定位置。这种智能仓储系统不仅提高了仓库的管理效率，减少了人为错误的发生，还大大降低了工人的劳动强度。

物联网技术通过各种设备、传感器和系统的连接，实现了生产过程中数据的采集、传输、处理和应用，为智能制造提供了数据支持。同时，物联网技术可以提供各种智能设备和系统的网络连接，实现各种设备和系统的互通互联，为智能制造提供网络基础。以智能生产线为例，在生产线的每个环节都安装传感器和监控设备，实时监测设备的运行状态和产品的质量。当设备出现异常时，系统可以自动发出警报并通知维修人员进行处理。同时，通过对生产数据的实时分析，可以及时调整生产计划，提高生产效率和产品质量。

案 例

工业物联网的应用案例

案例 1　某钢铁企业生产线上设备监测与维护

某钢铁企业生产线上的设备数量众多，而且运行环境较为恶劣，容易出现故障。通过工业物联网技术，该企业搭建了一个设备监测与维护平台，可以实时监测设备的运行状态，包括温度、湿度、压力等参数，以及设备的运行位置和轨迹等。同时，通过对设备的历史数据进行分析，可以预测设备的维护需求，及时进行维修和更换，避免设备在生产过程中出现故障，提高设备的运行效率和生产效率。

案例 2　某汽车制造企业生产线自动化改造

该汽车制造企业生产线上的工序复杂，而且需要大量的人工操作。通过工业物联网技术，该企业实现生产线自动化改造，将生产线上的设备进行互联互通，实现设备的自动化控制和监测。同时，通过对生产线上的数据进行分析和优化，可以实现对生产流程的精细化管理，提高生产效率和产品质量。

案例 3　某能源企业油田生产智能化管理

该能源企业油田生产过程中需要处理大量的数据和信息，而且需要对油田的生产过程进行精细化管理。通过工业物联网技术，该企业搭建了一个智能化管理平台，可以实现对油田生产全过程的精细化管理。例如，通过物联网技术，可以实时监控油田的储量、开采情况、运输情况等数据，及时对生产进行优化和调整。同时，通过对油田生产过程中的数据进行挖掘和分析，可以预测油田的产量和采收率等指标，提高油田的生产效率和经济效益。

▶ 微课 24

4.4　智能制造与数字孪生

4.4.1　数字孪生概述

1. 数字孪生的定义

数字孪生是充分利用物理模型、传感器更新、运行历史等数据，集成多学科、多物理量、多尺度、多概率的仿真过程，在虚拟空间中完成映射，从而反映相对应的实体装备的全生命周期过程。数字孪生是一种超越现实的概念，可以被视为一个或多个重要的、彼此依赖的装备系统的数字映射系统。

2. 数字孪生的发展历程

2002 年，美国密歇根大学成立了一个 PLM（产品生命周期管理）中心。迈克尔·格里夫斯（Michael Grieves）教授面向工业界发表《PLM 的概念性设想》（*Conceptual Ideal for PLM*），首次提出了 PLM 概念模型，在这个模型里提出"与物理产品等价的虚拟数字化表达"，出现了现实空间、虚拟空间的描述，并且用一张图介绍了从现实空间到虚拟空间的数据流连接，以及从虚拟空间到现实空间和虚拟子空间的信息流连接，如图 4-4 所示。

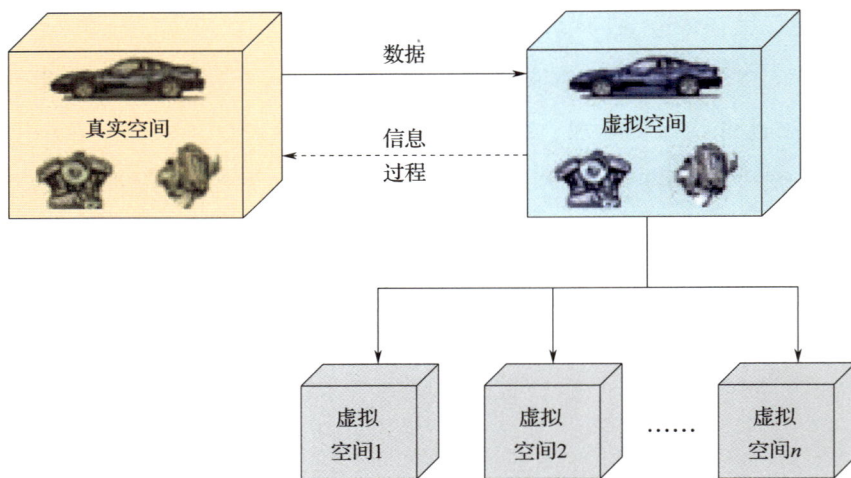

图 4-4　PLM 概念模型

表 4-1 展示了数字孪生发展历程上的里程碑事件。

表 4-1　数字孪生发展历程上的里程碑事件

时间	事件
20 世纪 50 年代	开始尝试将物理系统建模成数字形式
20 世纪 80 年代至 90 年代	计算机图形学和虚拟现实技术的出现使得数字建模和仿真技术更加逼真和精确
2002 年	美国宇航局（NASA）提出了"数字孪生"概念，用于描述将数字模型应用于宇航员健康监测和航天器维修方面的工作
2011 年	德国工业 4.0 倡议中首次提到数字孪生的概念

（续）

时间	事件
2015 年	法国提出数字孪生作为其"新工业计划"的一部分
2017 年	德国启动"数字孪生"研究计划，以促进数字孪生技术的发展
2018 年	美国白宫发布了"智能制造国家战略"报告，提出数字孪生是实现智能制造的关键技术之一
2020 年	我国提出数字孪生作为其"新基建"计划的一部分，以推进数字化转型和智能化制造

4.4.2　数字孪生的概念模型

为使数字孪生进一步在更多领域落地应用，北京航空航天大学数字孪生技术研究团队对已有三维模型进行了扩展，并增加了孪生数据和服务两个新维度，创造性提出了数字孪生五维模型的概念，表达式如下：

$$MDT=（PE，VE，Ss，DD，CN）$$

式中，PE 表示物理实体，VE 表示虚拟实体，Ss 表示服务，DD 表示孪生数据，CN 表示各组成部分间的连接。数字孪生五维模型结构如图 4-5 所示。

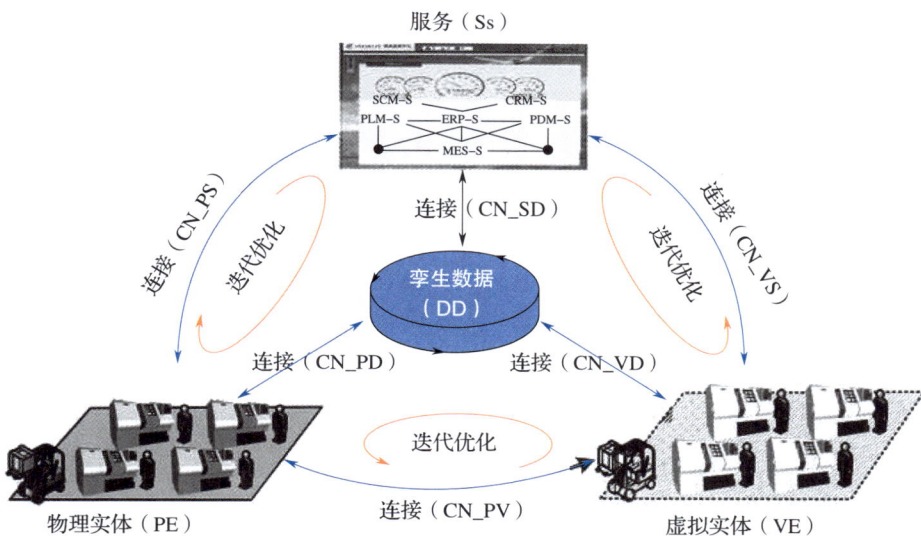

图 4-5　数字孪生五维模型结构

数字孪生五维模型能满足数字孪生应用的新需求。首先，MDT 是一个通用的参考架构，能适用不同领域的不同应用对象。其次，它的五维结构能与物联网、大数据、人工智能等新 IT 集成与融合，满足信息物理系统集成、信息物理数据融合、虚实双向连接与交互等需求。再次，孪生数据（DD）集成融合了信息数据与物理数据，满足信息空间与物理空间的一致性与同步性需求，能提供更加准确、全面的全要素 / 全流程 / 全业务数据支持。服务（Ss）对数字孪生应用过程中面向不同领域、不同层次用户、不同业务所需的各类数据、模型、算法、仿真、结果等进行服务化封装，并以应用软件或移动端 APP 的形式提供给用户，实现对服务的便捷与按需使用。连接（CN）实现物理实体、虚拟实体、服务及数据之间的普适工业互联，从而支持虚实实时互联与融合。虚拟实体（VE）从多维度、多空间尺度及多时间尺度对物理实体进行刻画和描述。

4.4.3 数字孪生的成熟度模型

数字孪生不仅仅是物理世界的镜像，也要接受物理世界实时信息，更要反过来实时驱动物理世界，而且进化为物理世界的先知、先觉甚至超体。这个演变过程称为成熟度进化，即数字孪生的生长发育将经历数化、互动、先知、先觉和共智等几个过程，如图 4-6 所示。

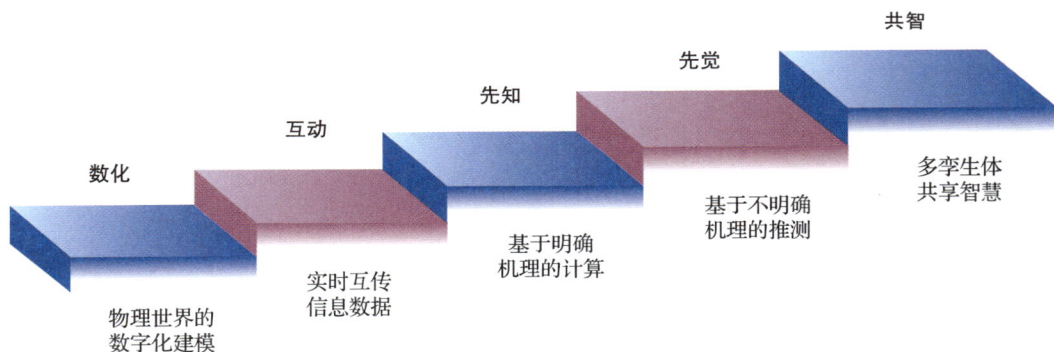

图 4-6　数字孪生成熟度模型

（1）数化

数化是对物理世界数字化的过程。这个过程需要将物理对象表达为计算机和网络所能识别的数字模型。建模技术是数字化的核心技术之一，例如，测绘扫描、几何建模、网格建模、系统建模、流程建模、组织建模等技术。物联网是"数化"的另一项核心技术，将物理世界本身的状态变为可以被计算机和网络所能感知、识别和分析的信息数据。

（2）互动

互动主要是指数字对象及其物理对象之间的实时动态互动。物联网是实现虚实之间互动的核心技术。数字世界的责任之一是预测和优化，同时根据优化结果干预物理世界，所以需要将指令传递到物理世界。物理世界的新状态需要实时传导到数字世界，作为数字世界的新初始值和新边界条件。另外，这种互动包括数字对象之间的互动，依靠数字线程来实现。

（3）先知

先知是指利用仿真技术对物理世界的动态预测。这需要数字对象不仅表达物理世界的几何形状，更需要在数字模型中融入物理规律和机理。仿真技术不仅建立物理对象的数字化模型，还要根据当前状态，通过物理学规律和机理来计算、分析和预测物理对象的未来状态。

（4）先觉

如果说"先知"是依据物理对象的确定规律和完整机理来预测数字孪生的未来，那么"先觉"就是依据不完整的信息和不明确的机理，通过工业大数据和机器学习技术来预感未来。如果要求数字孪生越来越智能和智慧，就不应局限于人类对物理世界的确定性认知，因为人类本身就不是完全依赖确定性知识而领悟世界的。

（5）共智

共智是通过云计算技术实现不同数字孪生之间的智慧交换和共享，其隐含的前提是单个数字孪生内部各构件的智慧首先是共享的。所谓"单个"数字孪生体是人为定义的范围，多个数字孪生单体可以通过"共智"形成更大和更高层次的数字孪生体，这个数量和层次可以是无限的。

4.4.4 数字孪生的关键技术

建模、仿真和基于数据融合的数字线程是数字孪生的 3 项核心技术。

1. 建模

数字化建模技术起源于 20 世纪 50 年代，建模的目的是将我们对物理世界或问题的理解进行简化和模型化。数字孪生的目的或本质是通过数字化和模型化，消除各种物理实体、特别是复杂系统的不确定性。所以建立物理实体的数字化模型或信息建模技术是创建数字孪生、实现数字孪生的源头和核心技术，也是"数化"阶段的核心。

数字孪生的模型发展分为 4 个阶段，这种划分代表了工业界对数字孪生模型发展的普遍认识，如图 4-7 所示。

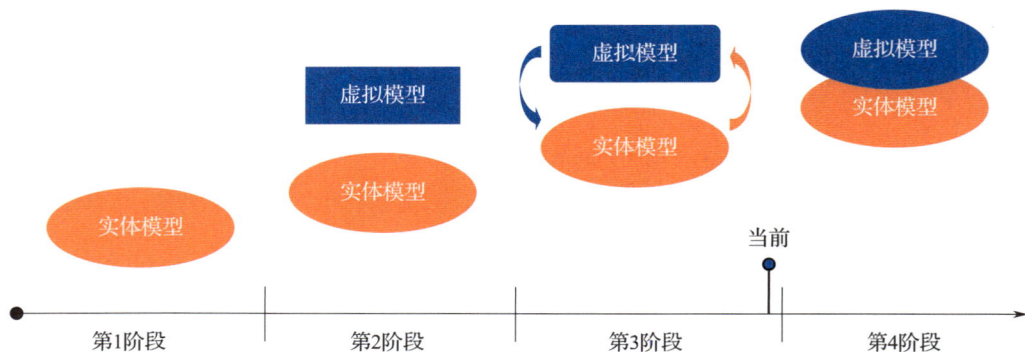

图 4-7　数字孪生模型发展的 4 个阶段

第 1 阶段是实体模型阶段，没有虚拟模型与之对应。NASA 在太空飞船飞行过程中，会在地面构建太空飞船的双胞胎实物模型。这套实物模型曾在美国宇航局拯救阿波罗 13 号的过程中起到了关键作用。

第 2 阶段是实体模型有其对应的部分实现的虚拟模型，但它们之间不存在数据通信。其实这个阶段不能称为数字孪生的阶段，一般准确的说法是实物的数字模型。虽然有虚拟模型，但这个虚拟模型可能反映的是来源于它的所有实体，例如设计成果二维/三维模型，同样使用数字形式表达了实体模型，但两者直接并不是个体对应的。

第 3 阶段是在实体模型生命周期里，存在与之对应的虚拟模型，但虚拟模型是部分实现的，就像是实体模型的影子，也可称为数字影子模型，在虚拟模型间和实体模型间可以进行有限的双向数据通信，即实体状态数据采集和虚拟模型信息反馈。当前数字孪生的建模技术能够较好地满足这个阶段的要求。

第 4 阶段是完整数字孪生阶段，即实体模型和虚拟模型完全一一对应。虚拟模型完整表达了实体模型，并且两者之间实现了融合，实现了虚拟模型和实体模型间自我认知和自我处置，相互之间的状态能够实时保真地保持同步。

科普小百科

数字孪生技术应用的高级阶段

值得注意的是，有时候可以先有虚拟模型，再有实体模型，这也是数字孪生技术应用的高级阶段。

一个物理实体不是仅对应一个数字孪生体，可能需要多个从不同侧面或视角描述的数字孪生体。人们很容易认为一个物理实体对应一个数字孪生体。如果只是几何的，这种说法尚能成立。恰恰因为人们需要认识实体所处的不同阶段、不同环境中的不同物理过程，一个数字孪生体显然难以描述。如一台机床在加工时的振动变形情况、热变形情况、刀具与工件相互作用的情况……这些情况自然需要不同的数字孪生体进行描述。

不同的建模者从某一个特定视角描述一个物理实体的数字孪生模型似乎应该是一样的，但实际上可能有很大差异。前述一个物理实体可能对应多个数字孪生体，但从某个特定视角的数字孪生体似乎应该是唯一的，实则不然。差异不仅是模型的表达形式，更重要的是孪生数据的粒度。例如，在智能机床中，通常人们通过传感器实时获得加工尺寸、切削力、振动、关键部位的温度等方面的数据，以此反映加工质量和机床运行状态。不同的建模者对数据的取舍肯定不一样。一般而言，细粒度数据有利于人们更深刻地认识物理实体及其运行过程。

2. 仿真

从技术角度看，建模和仿真是一对伴生体：如果说建模是模型化我们对物理世界或问题的理解，那么仿真就是验证和确认这种理解的正确性和有效性。所以，数字化模型的仿真技术是创建和运行数字孪生体、保证数字孪生体与对应物理实体实现有效闭环的核心技术。

仿真是将包含了确定性规律和完整机理的模型转化成软件的方式来模拟物理世界的一种技术。只要模型正确，并拥有了完整的输入信息和环境数据，就可以基本正确地反映物理世界的特性和参数。

仿真兴起于工业领域，作为必不可少的重要技术，已经被世界上众多企业广泛应用到工业各个领域中，是推动工业技术快速发展的核心技术，是工业 3.0 时代最重要的技术之一，在产品优化和创新活动中扮演不可或缺的角色。近年来，随着工业 4.0、智能制造等新一轮工业革命的兴起，新技术与传统制造的结合催生了大量新型应用，仿真技术快速发展，并逐渐发展出更多类型的仿真技术和软件。针对与数字孪生紧密相关的智能制造工业场景，涉及的仿真技术主要如下。

1）产品仿真，如系统仿真、多体仿真、物理场仿真、虚拟实验等。

2）制造仿真，如工艺仿真、装配仿真、数控加工仿真等。

3）生产仿真，如离散制造工厂仿真、流程制造仿真等。

在数字孪生的成熟度的每个阶段，仿真都在扮演着不可或缺的角色："数化"的核心技术——建模总是和仿真联系在一起，或是仿真的一部分；"互动"是半实物仿真中司空见惯的场景；"先知"的核心技术本色就是仿真；很多学者将"先觉"中的核心技术——工业大数据视为一种新的仿真范式；"共智"需要通过不同孪生体之间的多种学科耦合仿真才能让思想碰撞，才能产生智慧的火花。数字孪生也因为仿真在不同成熟度阶段中无处不在而成为智能化和智慧化的源泉与核心。

3. 数字线程

一个与数字孪生紧密联系在一起的概念是数字线程（Digital Thread）。数字孪生应用的前提是各个环节的模型及大量的数据，那么类似于产品的设计、制造、运维等各方面的数据，如何产生、交换和流转？如何在一些相对独立的系统之间实现数据的无缝流动？如何在正确的时间把正确的信息用正确的方式连接到正确的地方？连接的过程如何可追溯？连接的效果还要可评估。这些正是数字线程要解决的问题。

数字线程是与某个或某类物理实体对应的若干数字孪生体之间的沟通桥梁，这些数字孪生体反映了该物理实体不同侧面的模型视图。能够实现多视图模型数据融合的机制或引擎是数字线程技术的核心。因此，在数字孪生的概念模型中，将数字线程表示为模型数据融合引擎和一系列数字孪生体的结合。数字孪生环境下实现数字线程有如下需求。

1）能区分类型和实例。

2）支持需求及其分配、追踪、验证和确认。

3）支持系统跨时间尺度各模型视图间的实际状态记实、关联和追踪。

4）支持系统跨时间尺度各模型间的关联及其时间尺度模型视图的关联。

5）记录各种属性及其随时间和不同视图变化的情况。

6）记录作用于系统以及由系统完成的过程或动作。

7）记录使能系统的用途和属性。

8）记录与系统及其使能系统相关的文档和信息。

数字线程必须在全生命周期中使用某种"共同语言"，才能交互。例如，在概念设计阶段，就有必要由产品工程师与制造工程师共同创建能够共享的动态数字模型。据此模型生成加工制造和质量检验等生产过程所需的可视化工艺、数控程序、验收规范等，不断优化产品和过程，并保持实时同步更新。数字线程能有效地评估系统在其生命周期中的当前和未来能力，在产品开发之前，通过仿真的方法及早发现系统性能缺陷，优化产品的可操作性、可制造性、质量控制，以及在整个生命周期中应用模型实现可预测维护。

4.4.5　数字孪生在智能制造领域的应用

1. 数字孪生的应用领域

生产过程仿真与优化是数字孪生技术在制造业中的重要应用之一。通过建立数字孪生模型，制造企业可以对生产过程进行全面的仿真和优化，以提高生产效率、质量和资源利用率。

（1）生产过程

数字孪生可以模拟和重现实际生产过程的各个环节，包括物料流动、设备操作、工艺参数等。通过实时采集和整合生产数据，数字孪生模型能够准确地反映当前生产状态，并提供对生产过程的全面可视化。这使得制造企业能够实时监测和分析生产过程中产生瓶颈、瑕疵和使效率低下的因素。

基于数字孪生模型的仿真可以进行虚拟实验和优化，以改进生产过程。通过在模型中尝试不同的参数设置、工艺流程和生产策略，制造企业可以预测和评估不同方案对生产效率和产品质量的影响。这使得企业能够准确找到优化生产过程的方向，避免实际生产中的试错和调整，从而节省时间和成本。

（2）产品设计与开发

数字孪生在产品设计与开发方面发挥着重要作用。通过将实际产品与数字孪生模型相连接，制造企业能够进行虚拟的产品设计、测试和优化，大大缩短产品开发周期并降低开发成本。数字孪生模型能够准确模拟产品的物理特性、性能和行为，使设计团队能够在数字环境中进行快速迭代和验证。这加速了产品开发周期，减少了实际试制和测试阶段的资源消耗和时间延迟。

（3）跨部门的协作与知识共享

数字孪生技术还促进了跨部门的协作与知识共享。不同部门的工程师、设计师和生产人员可以通过数字孪生模型实时共享信息、协同工作，加速问题解决和创新过程。这种协同作业有助于提高产品质量和设计效率，同时促进团队间的沟通与合作。

数字孪生技术在生产过程仿真与优化以及产品设计与开发领域的应用，为制造企业带来了明显的益处。通过数字孪生模型的建立和应用，企业能够深入理解和优化生产过程，实现精细化的生产规划和资源调配。

2. 数字孪生技术的核心功能与优势

（1）故障预测和维修

故障预测和维修是数字孪生技术在制造业中的一个重要应用领域。通过建立数字孪生模型，并结合实时数据监测和分析，制造企业能够实现对设备和系统故障的预测和预防，以及更加高效地维修和保养。

利用数字孪生模型进行故障预测，能够提前发现潜在的设备故障。通过与实际设备连接并实时采集数据，数字孪生模型能够分析设备的运行状态、性能参数和健康指标。利用机器学习和数据分析技术，模型可以识别出异常和趋势，发现与故障相关的模式和指标。这使得制造企业能够提前预测设备故障的发生，及时采取相应的维修和预防措施，避免生产中断和损失。

数字孪生技术为维修和保养提供了更加精确和高效的方法。通过实时监测设备的运行状态和性能，数字孪生模型能够生成设备的维修建议和优化方案。维修人员可以通过模型的指导，定位故障原因和解决方案，减少维修时间和资源消耗。此外，数字孪生模型还可以提供设备维护计划和保养周期的优化建议，以最大限度地延长设备的使用寿命和可靠性。

通过故障预测与维修，制造企业能够有效降低设备故障对生产过程的不良影响，从而提高生产线的稳定性和可靠性。这一技术的应用可以显著减少停机时间，提高生产效率和产品质量，同时降低维修和维护成本。

此外，数字孪生技术为企业提供了数据驱动的决策支持，赋予管理层更好的资源分配和设备规划能力。通过实时数据采集和分析，企业能够优化维修策略和生产调度，进一步提高运营效率和业务绩效。通过提前发现故障、提供精确的维修指导和优化建议，提高设备的可靠性和使用寿命，从而降低生产风险，提高生产效率，为企业创造更大的价值。

（2）实时监控与数据分析

这是数字孪生技术在制造业中的关键功能之一。通过实时监控设备和生产过程，并结合数据分析技术，制造企业能够获得全面的数据洞察，实现精细化的运营管理和决策支持。

数字孪生技术通过与实际设备连接并实时采集数据，可以实现对设备和生产过程的实时监控。传感器和物联网技术的应用使得制造企业能够收集到大量的实时数据，包括设备状态、运行参数及传感器读数等。这些数据通过数字孪生模型进行实时整合和分析，可以准确地反映设备的运行状态和性能表现。

数字孪生技术结合数据分析技术，为制造企业提供了强大的数据处理和分析能力。借助机器学习、人工智能和大数据分析等技术，数字孪生模型能够高效处理和智能分析实时数据，提取有价值的信息和洞察。这使得企业能够了解设备的健康状况、性能趋势、生产效率等关键指标，为决策者提供实时的运营数据和指导。

数字孪生技术在跨部门协作与知识共享方面也起到了积极的作用。数字孪生模型可以作为信息共享和协作平台，促进不同部门之间的沟通与合作。设计师、工程师、生产人员等可以通过模型实时共享信息、协同工作，共同解决问题和优化生产过程。这种跨部门的协作与知识共享能够加速问题的解决，促进创新和持续改进，提高工作效率和团队协作能力。

实时监控与数据分析以及跨部门协作与知识共享是数字孪生技术在制造业中的重要应用领域。数字孪生技术促进了部门间的协作与知识共享，推动团队创新和持续改进。

3. 数字孪生技术在智能制造领域的商业价值

（1）提高生产效率和质量

数字孪生技术通过实时监控设备和生产过程，提供了全面的数据洞察和分析，使制造企业能够优化生产流程、减少生产中断和故障，并提高生产效率和产品质量。它可以帮助企业实现更好的资源利用、优化生产调度和减少人为错误，从而降低生产成本并提升竞争力。

（2）加速产品设计与开发

数字孪生技术通过建立虚拟的产品模型和实时数据分析，可以在产品设计与开发阶段进行模拟和优化。它使设计团队能够快速迭代和验证产品设计，减少实际试制和测试的资源消耗和时间延迟，从而加速产品上市时间，满足市场需求的快速变化。

（3）故障预测与维修

数字孪生技术结合实时数据监测和分析，能够提前预测设备故障并提供维修指导。通过及时采取预防和维修措施，制造企业可以减少生产中断，降低维修成本，并提高设备的可靠性和使用寿命。这有助于提高生产线的稳定性，增强企业的竞争力。

（4）数据驱动的决策支持

数字孪生技术通过实时数据采集和分析，为企业提供数据驱动的决策支持。企业可以基于准确的数据洞察，做出更加明智的决策，优化生产规划、资源分配和运营管理，降低风险并提高效益。数字孪生技术还可以提供预测和仿真分析，帮助企业预测市场需求和趋势，制定战略规划。

（5）跨部门协作与知识共享

数字孪生技术作为信息共享和协作平台，促进不同部门之间的沟通与合作。设计师、工程师、生产人员等可以通过数字孪生模型实时共享信息，协同工作，共同解决问题和优化生产过程。这种协作与知识共享有助于加速问题的解决、促进创新和持续改进，提高工作效率和团队协作能力。

数字孪生带来别样改变

对于整车或零部件制造而言，怎样判断一颗螺钉有没有拧好？在传统的流水线上，这项工作需要人工检查，但通过数字孪生技术，可以通过算法算出拧这颗螺钉用了多大力、拧了多少度等。

在汽车及零部件企业的实际应用中，数字孪生主要包括两个方面的内容。一是对现实中的整车或零部件建立数字模型，二是对计算机设计的数字模型进行复制。换句话说，就是既可以"从实到虚"，也可以"从虚到虚"，目的都是通过计算机技术进行较为复杂、精细的数据处理，提高精确度和效率，同时极大地拓展设计的想象力及实用性，比如根据实际需要将规则的四边形汽车覆盖件改造成多边形甚至不规则形状，并利用计算机同步解决智能化制造工艺细节问题。

电动汽车的安全稳定行驶，离不开动力电池的良好工作状态。车载电池管理系统计算能力有限，数据存储能力有限，很难做到精确监控动力电池运行状态。动力电池数字孪生监控系统就可以解决这一问题。该系统包括数据感知、数据收集的互联装置，数据存储的云端，数据分析软件，数据可视化用户界面等，通过对动力电池温度、电量、阻抗和电压电流曲线等实时感应并与标定数据实时比对，一旦发现偏差就及时报警，在全面监控动力电池工作状态的同时，提前预测并及早发现问题。

数字孪生与汽车及零部件企业设计开发中几乎普遍使用的仿真技术既有不同，又有密切的联系。首先，数字孪生需要依靠计算机仿真、实测、数据分析、工业互联网等技术对物体状态进行感知、诊断和预测以优化设计；其次，仿真技术作为创建和运行数字孪生的核心，是数字孪生实现数据交互与融合的基础，但由于仿真技术本身以离线方式模拟物体，不具备数字孪生的实时性、闭环性等特征及优化功能；最后，在此基础上，数字孪生必须依托并集成其他新技术，与传感器共同在线才能实现保真性、实时性与闭环性。

4.5 智能制造时代工程师的伦理责任

微课 25

智能制造工程技术先进，伦理关系复杂，目标和结果难以预测，对工程师提出了更高的伦理要求，遵循这些伦理责任和原则，工程师可以在智能制造时代更好地服务于社会和环境，同时确保他们的工作符合道德和法律要求。

（1）保护用户隐私

工程师需要确保在收集、存储和使用用户数据的过程中尊重用户隐私权，并采取适当的安全措施，防止数据泄露或被滥用。

（2）确保产品安全

工程师有责任确保设计、开发和生产的产品在使用过程中不会对用户或其他相关方造成伤害。这包括确保产品在各种情况下的可靠性和稳定性，以及考虑潜在的安全风险并采取预防措施。

（3）负责环境保护

工程师应该关注智能制造过程中可能对环境产生的影响，努力减少资源浪费和环境污染，推动可持续发展。

（4）社会责任

工程师应关注智能制造技术对社会的影响，包括自动化可能导致的失业问题、人工智能决策的道德难题以及数据滥用和歧视等问题。他们需要在设计和实施解决方案时充分考虑这些问题，并寻求在商业利益和道德伦理之间的平衡。

（5）遵守行业伦理准则

工程师应遵循相关行业的伦理准则和法律法规，确保其工作符合道德和法律要求。

（6）提倡透明度和问责

工程师应在智能制造过程中提倡透明度，使相关方了解项目的目标、进度和潜在风险。此外，他们还应承担对项目结果的问责，以确保符合道德和法律要求。

（7）继续教育和自我提升

工程师有责任不断学习和了解伦理问题的最新发展，以便在智能制造时代更好地践行道德伦理。

思考与练习

【单选题】

1. 智能制造的核心要素是（　　　）。

    A. 人工智能　　　　B. 物联网　　　　C. 大数据　　　　D. 所有以上要素

2. 工业互联网的主要目标是（　　　）。

    A. 提高生产效率　　　　　　　　B. 降低生产成本

    C. 实现智能化生产与服务　　　　D. 以上都是

3. 工业大数据分析的主要难点是（　　　）。

    A. 数据规模过大　　　　　　　　B. 数据类型复杂

    C. 数据实时性要求高　　　　　　D. 以上都是

4. 数字孪生技术的关键组成部分包括（　　　）。

    A. 数据采集　　　　　　　　　　B. 数据处理与分析

    C. 三维模型　　　　　　　　　　D. 以上都是

5. 数字孪生技术有助于实现（　　　）。

    A. 减少生产成本　　　　　　　　B. 提高产品质量

    C. 缩短产品上市时间　　　　　　D. 以上都是

6. 下列（　　　）与数字孪生技术密切相关。

    A. 物联网（IoT）　　　　　　　B. 大数据

    C. 人工智能　　　　　　　　　　D. 所有以上概念

【简答题】

1. 数字孪生主要有哪些应用场景？

2. 当工程师面临商业利益与道德伦理之间的冲突时，他们应该如何选择？

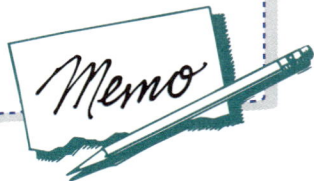

05

第 5 章
智能工厂与智能生产

知识目标

- 了解数字化工厂到智能工厂的演化过程。

- 了解智能工厂的构造与核心。

- 了解智能生产系统的功能模型。

科普素养目标

- 通过了解智能工厂的演化过程，掌握循序渐进的学习方法。

- 通过了解智能工厂的构造与核心，掌握剖析事物本质的方法。

- 通过了解智能生产系统的功能模型，学会提炼关键信息。

微课 26

5.1 从数字化工厂到智能工厂的演化

5.1.1 数字化工厂和智能工厂的对比

数字化制造系统是一种以制造信息集成与信息流自动化为特征、利用数字化装备自动完成各种制造活动的系统。随着科技的不断发展，数字化工厂逐渐演化为智能工厂。

相比于数字化工厂，智能工厂在生产过程中融入了更多的人工智能、机器学习、物联网、云计算等新技术，实现了更高效、更灵活、更自动化的生产方式。基于工业 4.0 的智能工厂将出现下列新的变化。

1）元（部）件采用自感知 / 自预测特性传感器，可进行性能衰减监测和剩余可用寿命预报。

2）设备控制器具有自感知 / 自预测 / 自诊断能力，可以预知工作时间和防止失效。

3）生产系统具有自配置 / 自维护 / 自组织特性的网络系统，可以通过具有弹性可恢复能力的控制系统获得极高的生产率。

智能工厂可以通过实时数据采集、处理和分析，快速响应市场需求，提供个性化的产品定制服务。同时，智能工厂还具备资源优化能力，能够有效管理生产过程中的资源，保证生产效率与质量。此外，智能工厂强化了数字化工厂的安全性，通过各种措施对生产环境、产品质量和工人健康提供保障。

总体来说，数字化工厂到智能工厂的演化是一种技术和理念的飞跃，标志着制造业进入了一个更加智能化、可持续化的新时代。

5.1.2 智能工厂的演化过程

从数字化工厂到智能工厂的演化是一个逐渐深入的过程，可以分为以下几个阶段。

（1）数据集成阶段

在这一阶段，企业将各个生产环节中产生的数据进行整合和分析，形成一个全面、系统的数字化模型。该阶段的主要任务是搭建一个信息化平台，实现从供应商到下游客户、从原材料到成品的全规模数据采集和互联互通，并以此建立完整的生产线数字孪生模型。在这个阶段，需要考虑以下几方面的内容。

1）数据源识别：识别数据来源，包括生产设备、传感器、控制系统、计算机网络等。

2）数据采集：建立数据采集体系，确保数据源的可靠采集和传输。

3）数据清洗：对采集到的数据进行清洗、过滤和去重，确保数据质量。

4）数据整合：将各个数据来源的数据整合成一个整体，使得数据可以进行统一存储和管理。

5）数据转换：对数据进行转换，使其适用于不同的应用场景和业务需求。

6）数据存储：建立数据仓库，对整合后的数据进行存储和备份，确保数据的安全和可靠性。

7）数据分析：对存储的数据进行分析和挖掘，帮助企业了解生产过程并提高效率。

通过以上步骤，智能工厂的各项数据可以被整合起来，形成一个智能化的数据生态系统，为企业生产经营提供有力的支持。

（2）智能控制阶段

在数字化基础上，企业利用物联网、云计算、大数据等技术，将自动化技术与信息技术深度融合，实现对生产过程的有效监测和快速响应。通过开发自适应控制和优化算法，实现能源优化、生产率提升和质量保障等目标。在这个阶段中，需要考虑以下几个方面。

1）数据采集与处理：通过传感器、监测设备等采集生产现场的数据，利用大数据技术进行处理，得到实时的生产数据。

2）预测和优化：利用机器学习等人工智能技术，对生产数据进行分析和预测，为生产提供更加精细化、个性化的服务。

3）智能控制：通过自动化控制系统和智能化算法，对生产过程进行实时控制和优化，实现环境监测、生产流程优化等智能化管理。

4）自适应和自主学习：通过不断地收集生产数据，对生产流程进行自适应和自主学习，最大限度地提升生产效率和质量。

（3）智能化协同阶段

在智能控制基础上，企业通过人工智能技术实现生产过程中各个环节之间的紧密协调和高效沟通。例如，在生产过程中，智能机器人可以预测传送带上零部件的状况并与机床协同调度，从而实现零部件的快速加工和生产周期的缩短。在这个阶段需要考虑以下几个方面。

1）数据共享：建立数据共享平台，实现多个系统之间的数据共享和交流，避免因信息孤岛造成无法协同和重复性工作。

2）业务流程协同：通过 ERP、MES 等软件系统，实现业务流程的协同管理，同时也可以进行实时监测和控制。

3）资源共享：包括设备、人员、物料等资源的有效管理和共享，最大限度地提高利用率和效率。

4）供应链协同：与供应商、客户等外部合作伙伴进行协同合作，从而实现生产供应链的高效管理。

5）智能决策：基于智能算法和人工智能技术，在生产过程中进行实时的数据分析和决策，从而实现生产过程的优化和协同。

通过以上步骤，智能工厂可以实现系统、业务、资源和供应链等多方面的协同管理，提高整个生产过程中的效率和品质，并且为企业提供更高效的管理手段。

（4）智能服务阶段

在前三个阶段建立的智能化体系基础上，企业利用大数据、机器学习等技术，为客户提供更快、更准、更个性化的定制化服务。例如，在客户需求预测方面，通过对历史订单、市场趋势和客户反馈等多维度数据的分析，实现产品定制化、智能配料和设计优化等目标。

总之，从数字化工厂到智能工厂的演化是一个逐步深入的过程，需要企业投入大量的人力、物力和财力，并结合自身的发展情况和行业特点，选择合适的技术和方法。

微课 27

5.2 智能工厂的构造与核心技术

5.2.1 智能工厂的含义

智能工厂是新型数字化工厂，也就是通过信息物理系统使现有的数字化工厂智能化。从狭义上来看，智能工厂是新一代通信技术、工业大数据技术、人工智能等智能制造相关技术、产品及系统在工厂层面的具体应用，以实现生产系统的智能化、网络化、柔性化。从广义上来看，智能工厂是通过制造串联产业链上下游并同步延伸的组织载体，能够覆盖产品整个生命周期作业。

智能工厂可以实现高度智能化、自动化、柔性化和定制化的生产，从而快速响应市场的需求，实现高度定制化的集约化生产。智能工厂的本质就是通过人机交互来实现人与机器的协同合作，优化生产制造流程的各个环节。

5.2.2 智能工厂的分类

1. 基于流程制造的智能工厂

基于流程制造的智能工厂模型是制造企业对工厂总体设计、工程设计、工艺流程及布局等建立的较完善的系统模型，并对其进行模拟仿真，设计相关的数据进入企业核心数据库。

该模型的建立具体要求如下。

首先，企业关键生产环节的实现要基于模型的先进控制和在线优化，因此工厂需要配置符合设计要求的数据采集系统和先进控制系统，达到 90％以上的生产工艺数据自动采集率和工厂自控投用率。

其次，工厂生产的实现要基于工业互联网的信息共享及优化管理，因此企业还需建立实时数据库平台，并使之与过程控制、生产管理集成应用。

2. 基于离散制造的智能工厂

基于离散制造的智能工厂包括实现计划、排产、生产、检验的全过程闭环管理的车间制造执行系统；装备、零部件、人员等的车间级工业通信网络系统；企业资源计划管理系统，其中供应链管理模块能实现采购、外协、物流的管理与优化。

该模型利用云计算、大数据等新一代信息技术，在保障信息安全的前提下实现经营、管理和决策的优化与企业智能管理与决策，全面提升企业资源配置优化、操作自动化、实时在线优化、生产管理精细化和智能决策科学化的水平。另外，通过持续改进该模型，能实现企业设计、工艺、制造、管理、监测、物流等环节的集成化。

5.2.3　智能工厂的特征与构造要素

1. 智能工厂的典型特征

智能工厂具有三大典型特征，如图 5-1 所示。

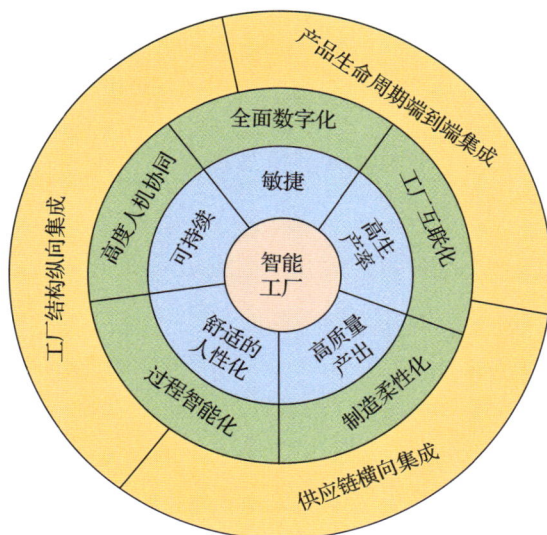

图 5-1　智能工厂的三大典型特征

（1）生产目标方面

智能工厂具有敏捷化、高生产率、高质量产出、可持续性和舒适的人性化等特征。

（2）技术等级

智能工厂具有全面数字化、制造柔性化、工厂互联化、高度人机协同和过程智能化（实现智能管控）五大特征。

（3）集成路径

智能工厂应具备产品生命周期端到端集成、工厂结构纵向集成和供应链横向集成三大特征，这一层面与"工业4.0"的三大集成理念是一致的。

2. 智能工厂的构造要素

智能工厂是由一系列智能化系统集成而成的，主要包括以下几个构造要素。

（1）信息集成

通过物联网等技术对生产设备、物料、人员等进行信息采集和互联互通，形成生产全过程的数字孪生模型，旨在实现一站式信息上传下达，提高信息共享效率。

（2）智能控制

基于数据分析、机器学习和自适应控制等技术，实现生产环节的快速监测、预警和调整，以提高生产效率和降低成本。

（3）智能协同

通过人机协同、机机协同等方式，实现不同环节之间的紧密协作和高效沟通，以适应灵活多变的生产需求和快速应对市场变化。

（4）智能服务

依托大数据和智能算法，为客户提供个性化定制的产品和服务，以满足不同客户的需求。

5.2.4 智能工厂的核心技术

智能工厂的核心技术包括以下几个重要方面。

（1）物联网技术

通过各种传感器、通信设备、数据处理平台等技术，将生产线上的设备、物料和人员等信息采集起来，实现全面、实时的监测和控制。

（2）人工智能技术

利用机器学习、深度学习等技术，实现对大量数据的自动处理和分析，支持生产中的预测性维护、质量控制和自适应控制等功能。

（3）云计算和大数据分析技术

通过云计算和大数据分析技术，实现复杂数据的存储、处理和分析，支持生产过程中的优化决策和管理。

（4）自动化技术

包括各种传感器、机器人、自动化设备等，以实现自动化生产和控制。

（5）虚拟仿真技术

通过建立生产过程的虚拟模型，实现对生产过程的可视化展示和仿真模拟，以支持决策和优化。

微课 28

5.3　智能工厂的基本结构与建设方案

5.3.1　智能工厂的基本结构

智能工厂的基本结构包括功能、结构、范式 3 个维度，如图 5-2 所示。

1. 功能维度

功能维度描述产品从虚拟设计到物理实现的过程，与工业 4.0 的三大集成中的端到端集成相关联。功能维度包括智能化设计、智能化工艺、智能化生产、智能化物流。

2. 结构维度

结构维度描述从智能制造装备、智能车间到智能工厂的进阶，实质上与工业 4.0 的 3 大集成中的纵向集成是一致的。

3. 范式维度

范式维度描述从数字化、网络化到智能化的演变范式（Paradigm），包含数字化、网络化、智能化 3 个方面。通过将新一代信息技术和新一代人工智能技术应用于产品设计、工艺、生产等过程，使得制造工厂在其关键环节或过程中能够体现出智能化特征，即自主性的感知、学习、分析、预测、决策、通信与协调控制能力，能动态地适应制造环境的变化，从而实现提质增效、节能降本的目标。

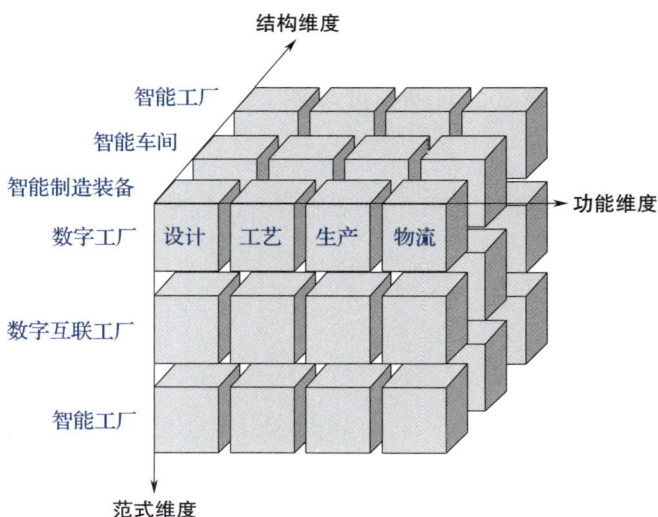

图 5-2　智能工厂的基本结构

5.3.2　智能工厂的建设方案

智能工厂的建设方案主要包括以下几个方面。

1. 物联网技术方案

通过传感器、自动控制设备等实现对生产过程的实时监控，及时采集和处理物流、运行、质量等数据信息，构建完整的生产过程数字孪生模型，在此基础上实现精细化生产控制。

2. 云计算与大数据方案

通过云平台对海量数据进行收集、存储、分析和挖掘，为生产过程提供数据驱动的决策分析和优化服务，支持精益生产管理。

3. 智能制造系统方案

通过人工智能技术实现自适应控制，支持生产智能化，提升制造效率和产品品质。

4. 集成协同方案

通过 ERP、MES 等系统整合企业内外各类信息资源，实现全面信息共享，推动内外部协同，保障企业业务运转效率和精度。

微课 29

5.4 智能生产

5.4.1 智能生产系统的特点与构成

智能生产是指利用信息技术、自动化技术、人工智能等先进技术实现生产环节的智能化、自动化和数字化，以提高生产效率、产品品质和企业竞争力。它是智能制造的核心内容之一。

智能生产系统以车间级的制造自动化系统（Manufacturing Automation System, MAS）为基础，根据产品工程技术信息（材料、结构、工艺和装配等设计要求）、车间层加工执行的指令，结合车间物流管理、工艺管理、设备管理、刀具管理等系统，优化制造活动和生产过程，完成对零件制造过程的作业调度及加工。

1. 智能生产系统的主要特点

（1）高度智能化

采用先进的人工智能算法及自动控制技术，通过数据分析、机器学习等方式实现自适应控制、自动优化、自我调整和智能制造。

（2）精细化管理

通过物联网等技术将生产过程的各个环节连接起来，形成全面的数字孪生模型。通过对生产数据进行实时监测和分析，实现精益生产管理。

（3）高效化生产

通过自动化技术实现生产线上的物料流转、设备控制和作业流程控制等功能，大大提高生产效率和生产质量。

（4）信息化协同

通过 ERP、MES 等系统实现企业内外各类信息资源整合，实现跨部门协作和协同管理。

2. 智能生产系统的主要构成

（1）车间生产控制系统

如图 5-3 所示，智能工厂车间控制系统由车间层、单元层、工作站层和设备层以及车间涉及的生产和管理人员等组成。

1）车间层的核心是车间控制器，实现计划、调度和监控等功能，其主要任务是根据企业下达的生产计划进行车间作业分解和作业调度，并监控和反馈车间的生产状态和数据等信息。车间控制器是车间层控制系统与外界交换信息的核心与枢纽，具有三大功能。

①计划：根据 MIS 下达的主生产作业计划和 EDS（工程设计系统）提供的生产工艺信息制订车间某时期内的生产计划。

②调度：根据各生产单元的计划完成情况对单元之间的生产任务和资源分配做适当的调整，保证车间任务按期完成。

③监控：监视各单元在生产过程中出现的各种异常现象，并将异常信息及时反馈给调度模块，供其决策。

2）单元层同时兼有计划和调度的功能，其控制周期从几小时到几周，完成任务的分解、调度、资源需求分析，向工作站分配任务及监控任务的执行情况，并向车间控制器报告作业完成情况和单元状态。单元控制器在向单元内的各加工设备分配任务时，要考虑各设备的加工能力和加工任务的均衡分配。当单元控制器遇到无法解决的故障时，则向上一级的车间控制器实时反馈信息，进行单元间的任务调整。

3）工作站层负责指挥和协调车间中某个设备小组的活动，如加工工作站、毛坯工作站、刀具工作站、夹具工作站、测量工作站和物料存储工作站等。其控制周期可以从几分钟到几小时，主要功能是根据单元控制器下达的命令完成各种加工准备、物料和刀具传送、加工过程监控和协调、加工检验等工作。

4）设备层包括机床、加工中心、机器人、坐标测量机、自动引导车等设备的控制器。控制周期一般从几毫秒到几分钟，是车间控制系统中实时性要求最高的一级。设备控制器的功能是将工作站控制器命令转换成可操作的、有顺序的简单任务运行，完成工作站层指定的各类加工、测量任务，并通过各种传感器监控这些任务的执行信息。

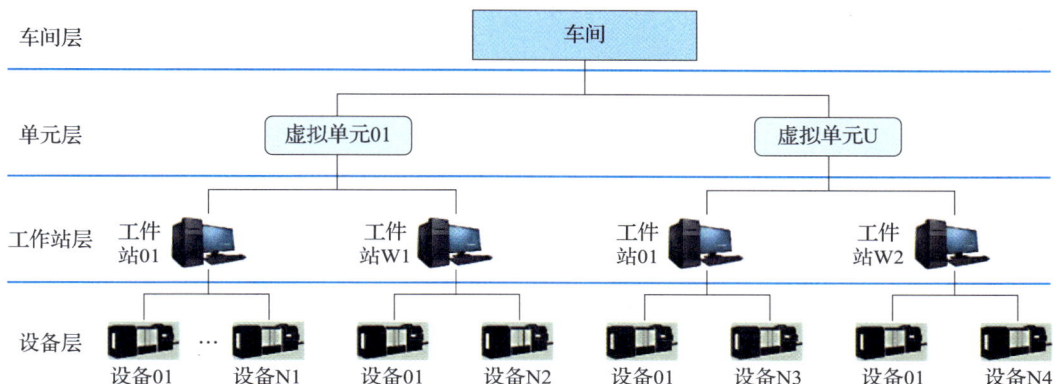

图 5-3　智能工厂车间控制系统

（2）加工系统

加工系统是由机床、机器人、AGV 等硬件设备构成的用于完成具体零件加工任务的单元 / 线。常见的加工系统类型有刚性自动线（TL）、柔性制造单元（FMC）、柔性制造系统（FMS）、柔性制造线（FML）、柔性装配线（FAL）和脉动生产线（PPL）等。

（3）物流系统

物流系统负责生产过程中各种物料（如工件、刀具、夹具、切屑等）的运送与流动，以及将工件毛坯或半成品及时准确送达指定的加工位置，并将完成加工的成品送入仓库或装卸站，以保证自动化生产过程正常运行。

常用的工件输送设备包括传送带、运输小车、工业机器人、托盘及托盘交换装置等；常用的物料存储系统有工件进出站、托盘站、自动化立体仓库等。

物流系统还包括刀具准备与配送系统，负责为加工设备及时提供各种刀具并可在机床间进行刀具交换，具有刀具运送、管理、检测、预调和监控等功能。具体包括刀具组装台、刀具预调仪、刀具进出站、中央刀具库、机床刀库、刀具配送装置和刀具交换机构、控制系统等。

（4）检测和监控系统

检测和监控系统保证智能生产系统正常可靠地运行及满足加工质量要求。检测和监控的对象包括加工设备及加工过程、工件输送设备、刀具配送系统、工件加工质量、环境及安全参数等。

检测和监控系统包括如下内容。

1）传统检验检测装置：各种量具量仪（如卡尺、千分尺、百分表等）、自动化测量装置（如三坐标测量仪）等。

2）智能检测技术：各种智能化传感器和感知技术、智能仪器仪表、边缘计算和加工大数据分析技术等。

5.4.2 智能生产系统模型

（1）生产系统功能模型

如图 5-4 所示，智能生产系统功能模型包括车间层生产管理与调度控制、工作

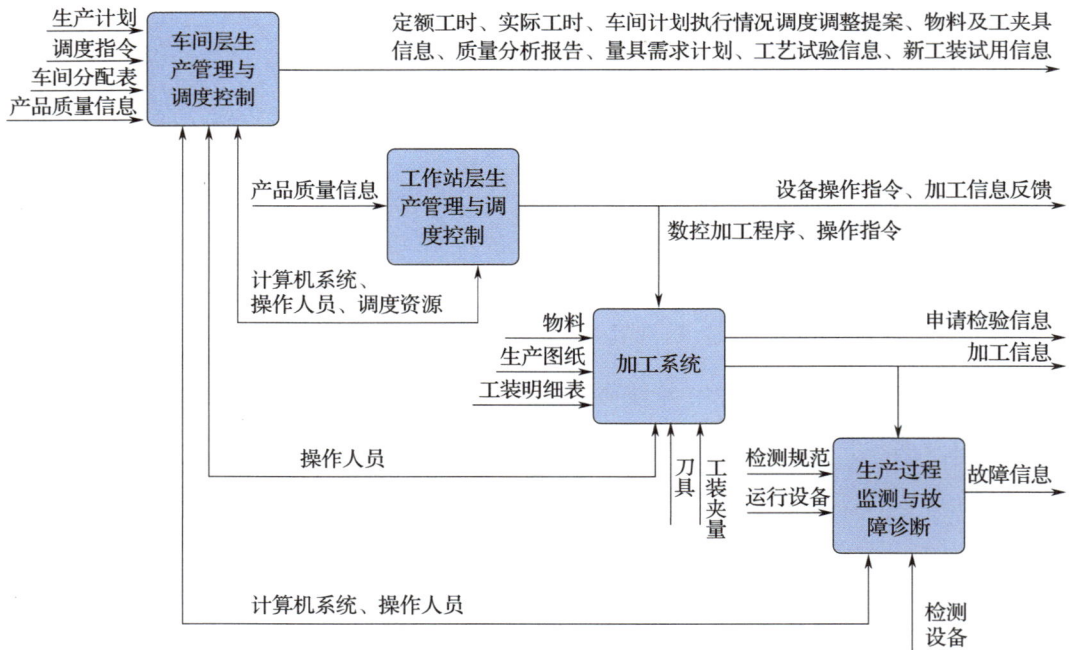

图 5-4 智能生产系统功能模型

站层生产管理与调度控制、加工系统、生产过程监测与故障诊断，围绕这四大模块形成紧密的生产流。

（2）智能生产系统物资流

智能生产系统物资流是指在生产过程中作为实体流的原材料、毛坯料、零件、装配组件、集成对象和最终产品的运输流转过程。

（3）智能生产系统信息流

智能生产系统信息流主要包括以下几个方面。

1）产品设计阶段的信息流：在产品设计阶段，需要对产品进行详细的定义和规划，确定产品的特性、参数、功能及工艺要求等。这些信息将被记录并存储在数字化设计软件中，供后续的生产制造使用。

2）订单管理阶段的信息流：订单管理阶段需要对客户的订单进行处理和分解，将订单数据转化为生产计划和物料需求清单，形成生产计划的基础。在这个过程中，系统需要不断地从订单、计划、库存等方面收集相关数据，并实时更新到数据库中。

3）生产计划阶段的信息流：生产计划阶段需要根据客户订单、工艺路线、人员和设备等资源情况进行排程，制订出合理的生产计划，并与实际生产情况相结合，进行实时调整。在这个过程中，需要持续获取实际生产数据并反馈到生产计划中进行调整。

4）生产执行阶段的信息流：生产执行阶段需要对生产现场进行监控和控制，实时获取设备状态、生产进度、质量检测等数据信息，以便及时调整生产过程，保证生产效率和产品质量。同时，还需要对生产数据进行记录和存储，供后续的数据分析和优化使用。

5）售后服务阶段的信息流：售后服务阶段需要对生产过程中的问题不断进行跟踪和记录，以便快速响应客户请求，并对产品进行升级改进。这个过程需要建立完善的反馈机制，并将相关数据信息记录在售后服务系统中。

总之，智能生产系统信息流涉及从产品设计、订单管理、生产计划、生产执行到售后服务等多个环节，在整个生产过程中需要不断收集、处理、分析并实时反馈相关数据信息，以实现生产过程的数字化和智能化管理。

5.5 案例：三一重工 18 号工厂

三一集团始创于 1989 年，是全球领先的工程机械制造企业。作为重工领域的标杆，三一重工 18 号工厂成为智能制造应用的示范。

三一重工 18 号工厂更像是一个大型计算系统加上传统的操作工具、大型生产设备的智慧体，每一次生产过程、每一次质量检测、每一个工人劳动量都记录在案。装配区、高精机加区、结构件区、立库区等几大主要功能区域都是智能化、数字化模式的产物。

三一重工 18 号工厂建筑面积 10 万平方米，是亚洲最大的单体生产厂房，有混凝土机械、路面机械、港口机械等多条装配线，是三一重工总装车间，年产能 300 亿元，生产的混凝土机械居全球第一，生产的港口机械居中国第一。

1. 高度离散制造企业的困局

三一重工是一个高度离散型制造企业，这种制造模式分散且独立，需要大量的人力物力，造成企业成本提高，这显然不能满足企业高质量发展的需求。三一重工积极借助信息化时代的优势，导入智能制造模式，优化运行系统，提升设备生产制造能力，积极应对工程机械企业多品种、高效率、高质量、低成本方面的压力与挑战。

2. 技术创新，智能引领

（1）总体架构

三一重工 18 号工厂从产品设计→工艺→工厂规划→生产→交付，打通产品到交付的核心流程，总体架构如图 5-5 所示。

1）全三维环境下的数字化工厂建模平台、工业设计软件，以及产品全生命周期管理系统的应用，实现数字化研发与协同。

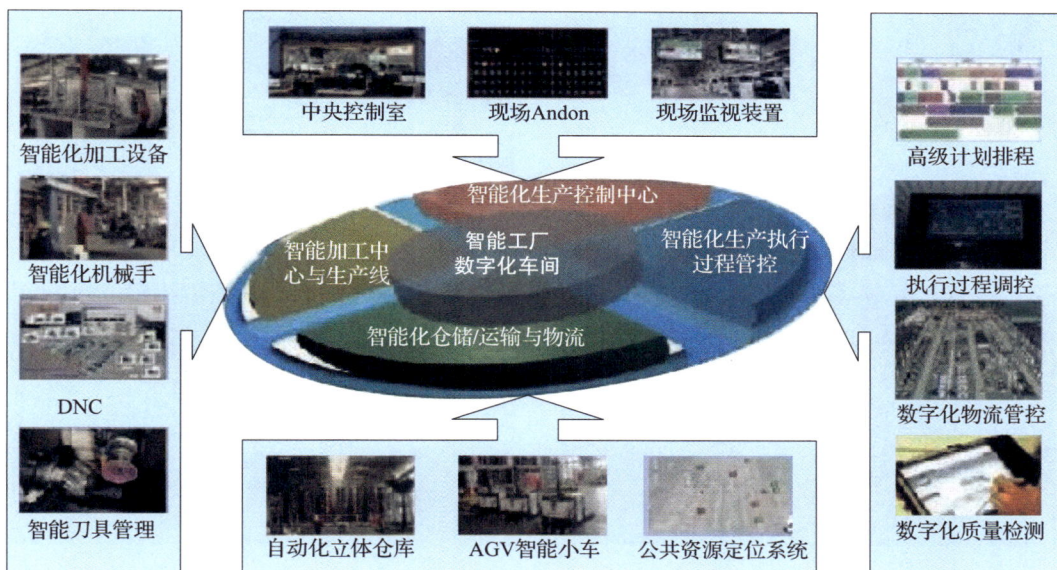

图 5-5　三一重工 18 号工厂总体架构图

2）多车间协同制造环境下计划与执行一体化、物流配送敏捷化、质量管控协同化，实现混流生产与个性化产品制造，以及人、财、物、信息的集成管理。

3）自动化立体库 / AGV、自动上下料等智能装备的应用，以及设备的 M2M 智能化改造，实现物与物、人与物之间的互联互通与信息握手。

4）基于物联网技术的多源异构数据采集和支持数字化车间全面集成的工业互联网络，驱动部门业务协同与各应用深度集成。

（2）基于三维仿真的数字化规划

如图 5-6 所示，通过对整个生产工艺流程建模，在虚拟场景中试生产，优化规划方案。在规划层面的仿真模型实验过程中实现产能分析与评估，通过预测未来可能的市场需求，动态模拟厂房生产系统的响应能力；在装配计划层面的仿真模型中，通过仿真实验进行节拍平衡分析与优化，规划最优的装配任务和资源配置。

（3）工业物联网与智能产线

如图 5-7 所示，利用智能装备实现生产过程自动化，机器换人，提升生产效率；同时搭建工业生产物联网，通过网络连入机台，实现机台的生产信息采集，机台互联，以及自动控制与数据传输，使机台使用率最大化。

图 5-6　基于三维仿真的数字化规划

　　基于物联网平台集成的现场设备数据、生产管理数据和外部数据，运用机器学习、人工智能等大数据分析与挖掘技术，建立产品、工艺、设备、产线等数字化模型，提供生产工艺与流程优化、设备预测性维护、智能排产等新型工业应用。

图 5-7　智能装备的应用

（4）MES 和 ERP 无缝集成

　　如图 5-8 所示，集成 MES 与 ERP 系统，实现了客户订单下达到生产制造、产品交付以及售后追踪的全流程信息化，实现了生产制造现场与客户的实时交互。客户的个性化需求可以第一时间到达计划、制造、商务等相关部门，制造人员就能直接按照客户的要求进行快速生产和交付，客户也可以随时了解所购买设备的生产进度。

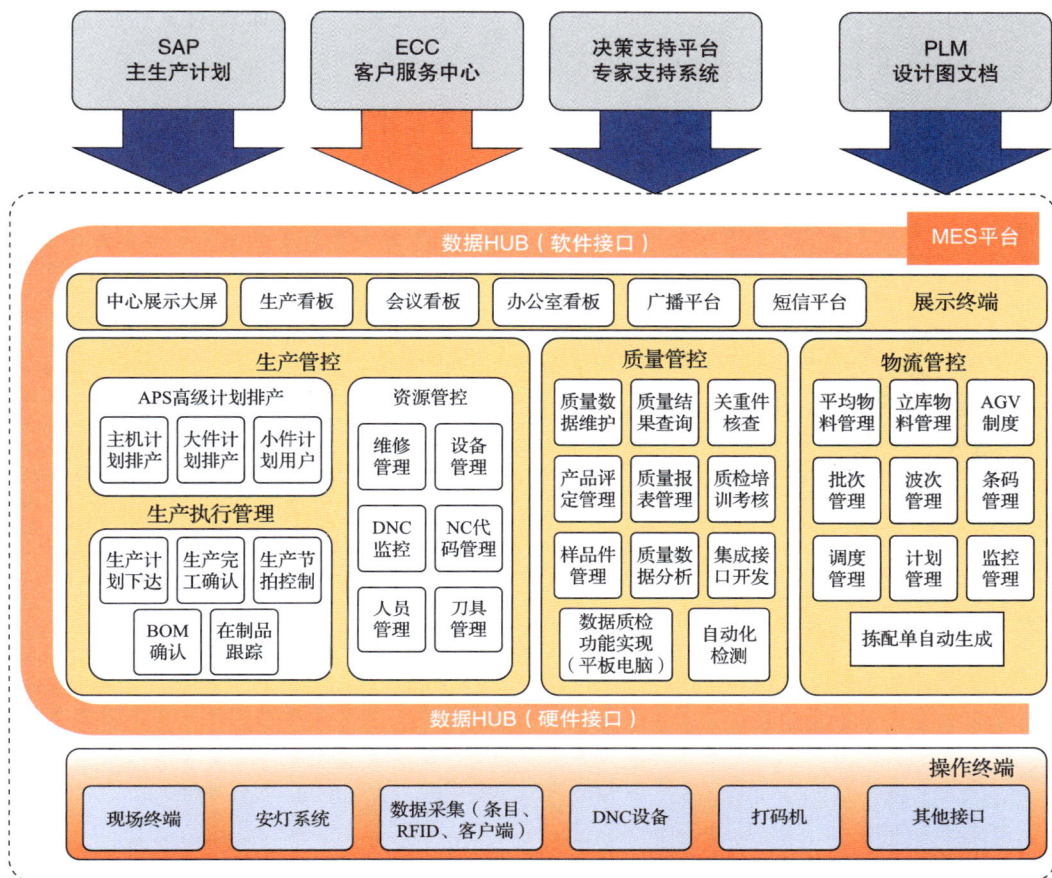

图 5-8　集成 MES 与 ERP 系统结构图

生产现场以 MES 为主线，辅助智能派工、现场 LED 看板等可视化信息，集成化计划 / 物流 / 质量等控制系统，从生产计划下达、物料配送、作业标准查询、质量管理等维度进行在线管控，实现了人员、资源实时调度，生产制造现场与生产管控中心的实时交互。

（5）公共资源精细化管理

如图 5-9 所示，公共资源定位系统是三一重工 18 号工厂的一个重要支撑。公共制造资源定位平台融合不同的定位方式并满足不同的业务需求的同时，实现基础设施的共用，达到减少重复建设、提高基础设施利用率的目的。

- 通过物联网技术实现对在制品、叉车、人员、设备资源的实时定位、追踪与监控。

- 实时获取物料和运输工具的状态和位置等信息，并可以通过对这些信息的分析实现对物料的高效调度。

- 综合运用 WSN、RFID 和 GPS 等多种定位技术，满足不同制造资源的定位需求。

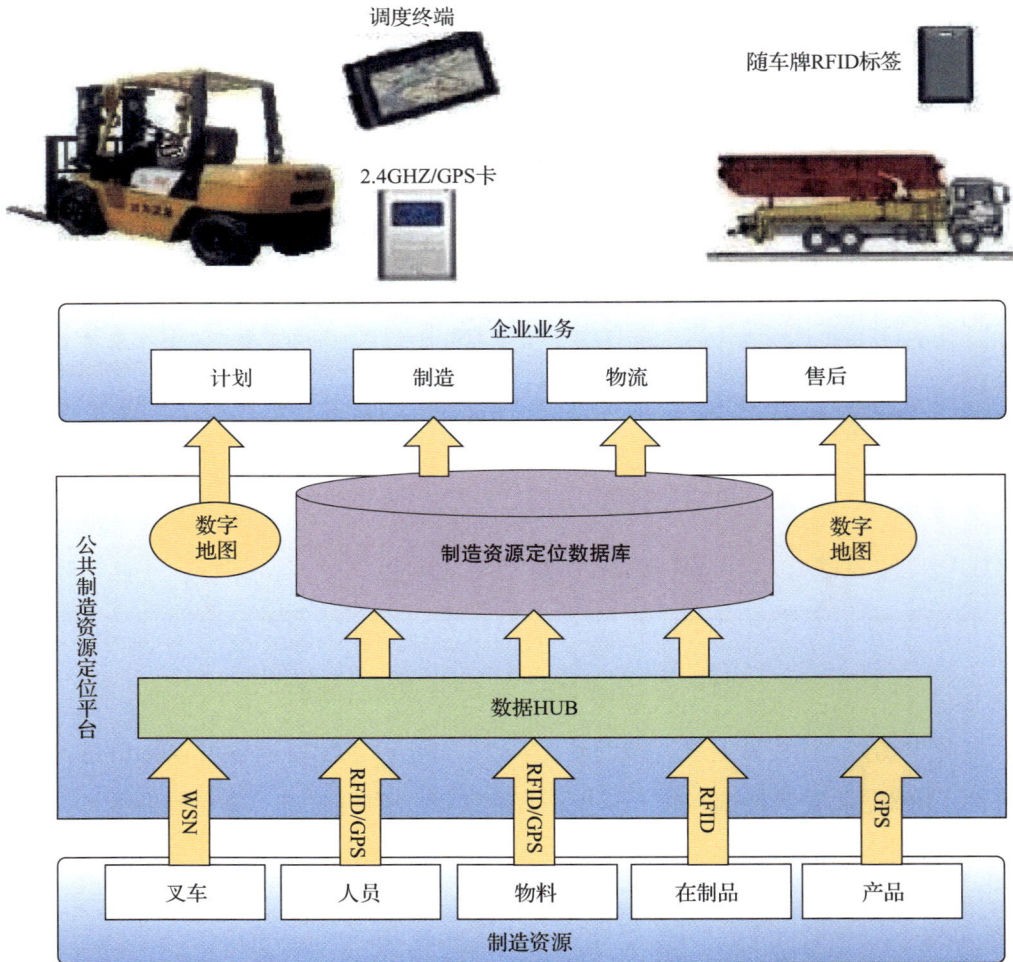

图 5-9　公共资源定位系统结构图

（6）智能化立体仓库和物流运输系统

智能化立体仓库和物流运输系统实现泵车、拖泵、车载泵装配线及部装线所需物料的暂存、拣选、配盘功能，并与 AGV 配套，实现将工位物料自动配送至各个工位。

仓储模式采用自动化立体仓库存储（主要存储中小件为主）+垂直升降库存储（主要存储小件为主）+平面仓库存储（主要存储大件等其他特殊物资），配合全自动化的 AGV 小车，把工人从繁复的运输工作中解放出来，使装配区内整个物流通畅有序，改变将近总量 30% 的物料种类的存储和出入库作业模式，很大程度地缓解了自动化立体仓库的出入库作业压力，有效地提高了整个系统的作业能力。

（7）SPC 质量在线检测与分析

如图 5-10 所示，三一重工 18 号智能工厂通过 GSP、MES、CSM 及 QIS 的整合应用，实现了涵盖供应商送货、零件制造、整机装配、售后服务等全生命周期的质检数字化，以及 SPC 分析、质量追溯等功能。

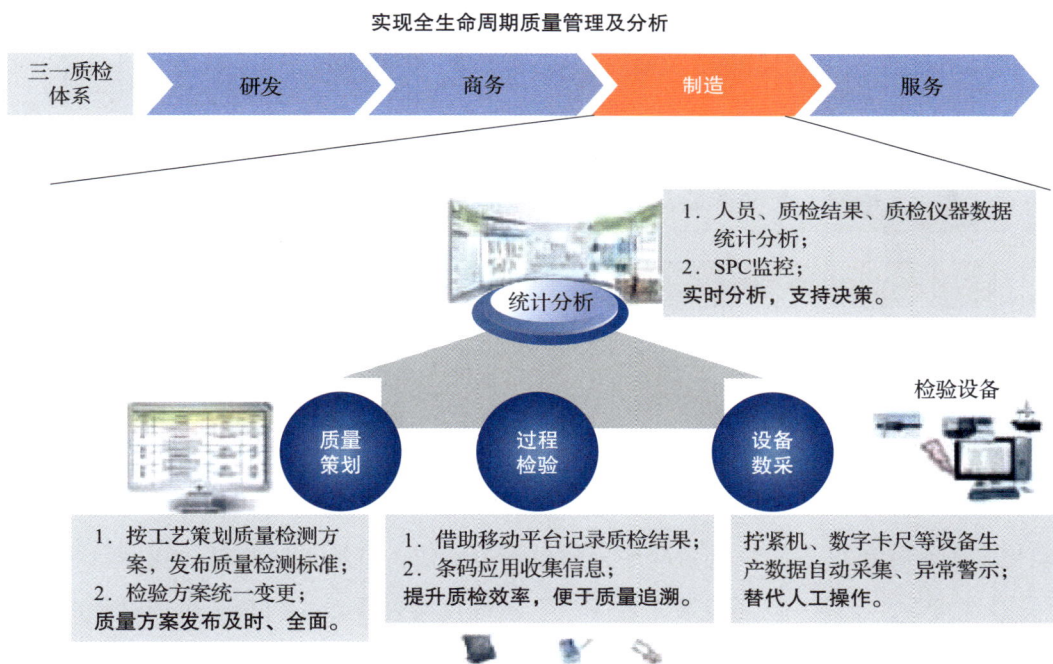

图 5-10　SPC 系统结构图

质检员所使用的设备，以工业级平板电脑和 PDA 为载体，在总装及部装线全面应用，实现了图形化质检，指导质检员快速、准确定位质检部位及质检标准。质检项图形化率达 90% 以上，质检电子化率 100%，全面提升了质检效率。

（8）生产控制中心 PCC

如图 5-11 所示，厂房建设有 PCC 生产控制中心，通过对生产过程中物料、设备、辅助生产资源等数据采集，并集成 PDM\ERP\CRM\MES 等应用系统，实现订单执行与生产现场的集中管理与调度。核心业务包括生产计划与执行管控、质量管控、物流管控，以及生产现场视频监控等。

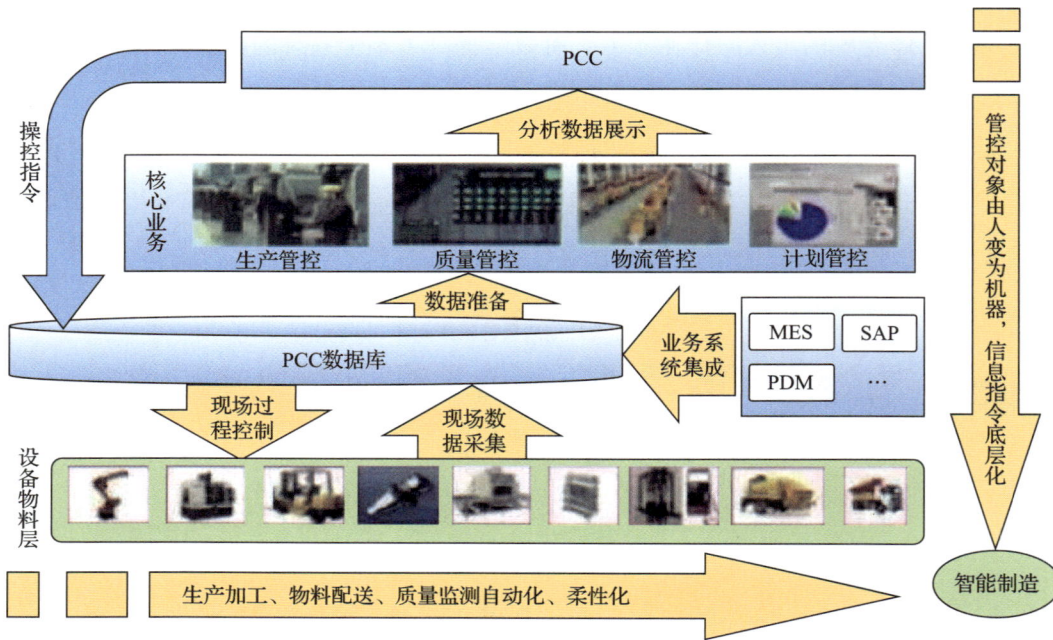

图 5-11　PCC 系统结构图

3. 离散型柔性制造典范

实施智能化改造后，三一重工 18 号工厂实现了厂内物流、装配、质检各环节自动化，一个订单可逐级快速精准地分解至每个工位，创造了一小时下线一台泵车的"三一速度"，实现"产品混装 + 流水线"的高度柔性生产。对整个生产过程的精益管控，大大提高了产品制造过程的质量、物流、生产管控程度，企业生产效率提高24% 以上，生产周期缩短 28%，减少生产误操作 40%，不良品率下降 14%，物流运作效率提高 18% 以上，送货速度提高 12%；节省人力成本约 20%，总体制造运营成本降低 28%，生产节能 7%。

思考与练习

【单选题】

1. 将自动化技术与（　　　）深度融合，可实现对生产过程的有效监测和快速响应。

　　A. 信息技术　　　　　B. 物联网　　　　　C. 5G　　　　　D. 工业控制

2. 基于工业 4.0 的未来智能工厂出现的新变化不包括（　　　）。

　　A. 元件有自感知、自预测特性

　　B. 设备控制器有自感知、自预测、自诊断能力

　　C. 生产系统具有自配置、自维护、自组织特性的网络系统

　　D. 设备可以自动化生产

3. 在智能生产系统中，车间层的核心是（　　　）。

　　A. 控制器　　　　　B. 车床　　　　　C. 铣床　　　　　D. 机器人

【多选题】

1. 智能工厂基本结构包括（　　　）三个维度。

　　A. 功能　　　　　B. 结构　　　　　C. 生产　　　　　D. 范式

2. 智能生产系统模型包括（　　　）。

　　A. 生产系统功能模型　　　　　　　B. 智能生产系统物资流

　　C. 智能生产系统信息流　　　　　　D. 生产系统检测模型

【填空题】

1. 智能工厂由_____、_____、_____、_____等构造要素集成而成。

2. 智能工厂的建设架构主要包括_____、_____、_____、_____。

3. 智能化协同阶段需要考虑_____、_____、_____、_____以及_____。通过以上步骤，智能工厂可实现系统、业务、资源和供应链等多方面的协同管理。

4. 智能制造工厂的本质就是通过_____来实现_____优化生产制造流程的各个环节。

【简答题】

1. 智能工厂的三大典型特征是什么?

2. 生产系统的功能模型包括哪些?

06

第 6 章
智能制造的应用

知识目标

- 了解基于动作分析和工艺的智能生产模型，熟悉智能生产模型的相关概念。
- 了解基于 BOM 和流程的运营管理模式，熟悉运营管理模式的相关概念。
- 了解基于工业大数据的智能决策模型，熟悉智能决策模型的相关概念。
- 了解基于产品和服务的智能商业模型，熟悉智能商业模型的相关概念。

科普素养目标

- 通过对智能制造应用模型的认识，树立科学意识。
- 通过对典型智能制造应用案例的分析，培养工匠精神。

微课 30　微课 31

微课 32　微课 33

6.1 智能制造应用模型

6.1.1 基于动作分析和工艺的智能生产模型

MES（制造执行系统）是整个执行层的核心，也是智能生产核心，MES 以工艺为主线、动作分析为基础。本节将对 MES 进行深入阐述，简单介绍其他执行层系统。

智能工序涵盖控制、设备、操作、识别、诊断等，通过智能工序与自动运载的集成，构成智能产线；智能产线与计划排产、MES、数据采集系统等集成构成智能车间；智能车间与 APS、智能调度、智能物流、智能检测、智能仓储、中央监控等构成智能工厂。基于动作分析和工艺的智能生产模型如图 6-1 所示。

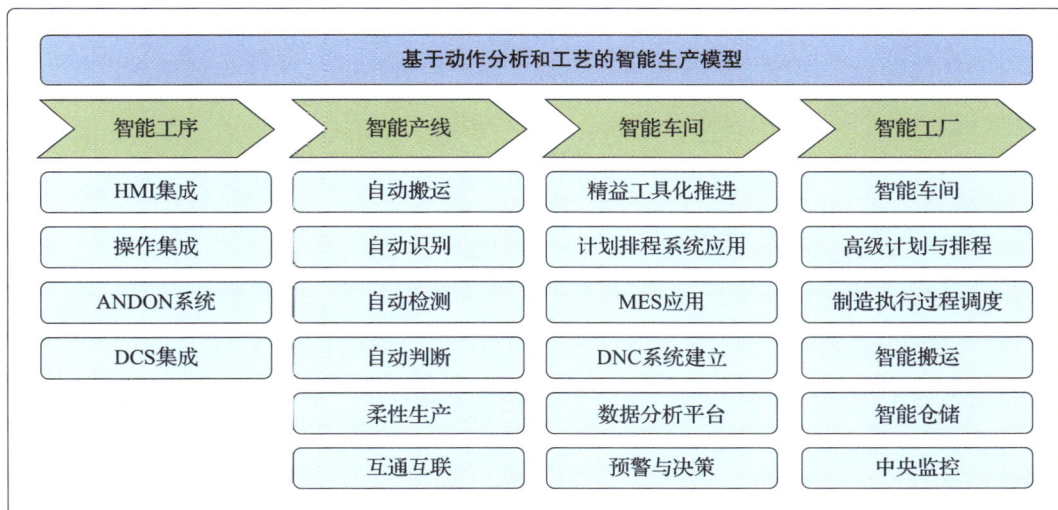

基于动作分析和工艺的智能生产模型			
智能工序	智能产线	智能车间	智能工厂
HMI集成	自动搬运	精益工具化推进	智能车间
操作集成	自动识别	计划排程系统应用	高级计划与排程
ANDON系统	自动检测	MES应用	制造执行过程调度
DCS集成	自动判断	DNC系统建立	智能搬运
	柔性生产	数据分析平台	智能仓储
	互通互联	预警与决策	中央监控

图 6-1　基于动作分析和工艺的智能生产模型

1. 智能工序

对工序操作进行动作分解，是智能设备、智能控制、人机配合的设计基础，通过操作系统进行精确操作与控制，在操作和控制过程中实现自我控制、自我判断、警报功能和自我诊断。

很多制造企业因受产品、环境、精度、成本等因素影响，无法实现全过程自动化生产，因此对于瓶颈、环境恶劣、高危等工序采用智能工序设计。智能工序在制造业中大量存在，其中包括生产辅助设备，如工装夹具、刀具等自动选择、验证防呆等。

2. 智能产线

通过对智能工序与运载装置的集成和工序识别集成，构成智能产线。智能产线实现自动上下料、自动加工、装配、运载、搬运、识别等功能，对生产数据实时采集，通过现场显示屏进行生产数据展示，对产品进行自动检测，不良品自动下线，下线维修完成自动返回产线，实现工序与工序的通信等。

常见的运载方式如下。

1）带式运载：主要材料为不锈钢钢网、防撕裂橡胶、尼龙、钢制或塑料锁扣等耐磨材料，其成本低，应用广泛。

2）滚筒运载：通过包胶的滚筒，防止输送打滑，减少摩擦，同步性好。

3）牵引式运载：通过动力、电力驱动，对物品进行搬运，常用的有人工物料配送车、AGV等。

4）悬挂运载：根据工艺路线进行设计，贴合生产节拍，实现连续循环式对物料进行搬运。可充分利用三维空间设计，节省场地。

5）管道运载：管道运载可节省中转环节，缩短搬运周期，降低搬运成本，可以进行快速、安全、连续的传输。

6）链条＋载具载盘运载：通过链条＋载具载盘进行产品搬运，多用于自动组装、测试线。

7）机械手＋夹具运载：通过机械手＋夹具运载，用于固定工序间移载，可调空间大，通用性强。

8）AGV+AGV+AGV+…：多用于体积大、比较重的产品组装及测试线，灵活性好，通用性好，成本高。

3. 智能车间

智能产线与计划排产、MES、数据采集系统等集成构成智能车间，通过 MES 实现制造执行信息化，利用计划排产模块进行排产，通过识别传感、终端、数据采集系统对设备与生产数据进行实时采集。

4. 智能工厂

智能车间与 APS（高级计划与排程）、调度、物流与仓储、检测、中央监控等构成智能工厂。

6.1.2　基于 BOM 和流程的运营管理模式

以 BOM 和流程管理为核心的智能运营管理模型包括智能研发、智能管理、智能物流、智能供应链和智能办公系统。图 6-2 为以 BOM 和流程管理为核心的运营管理模型。

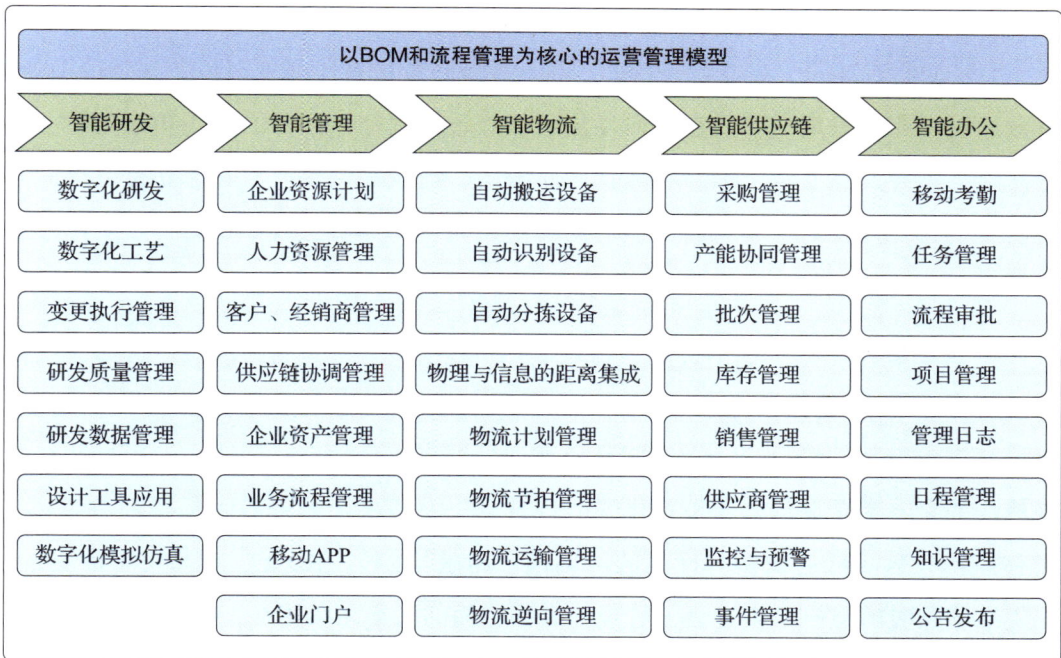

以BOM和流程管理为核心的运营管理模型				
智能研发	智能管理	智能物流	智能供应链	智能办公
数字化研发	企业资源计划	自动搬运设备	采购管理	移动考勤
数字化工艺	人力资源管理	自动识别设备	产能协同管理	任务管理
变更执行管理	客户、经销商管理	自动分拣设备	批次管理	流程审批
研发质量管理	供应链协调管理	物理与信息的距离集成	库存管理	项目管理
研发数据管理	企业资产管理	物流计划管理	销售管理	管理日志
设计工具应用	业务流程管理	物流节拍管理	供应商管理	日程管理
数字化模拟仿真	移动APP	物流运输管理	监控与预警	知识管理
	企业门户	物流逆向管理	事件管理	公告发布

图 6-2　以 BOM 和流程管理为核心的运营管理模型

1. 智能研发管理

在智能制造环境下，企业应从过去的通过测绘仿制、代工等研发模式向具有创新能力的研发方式转型，直接面对用户的相关想法诉求、抽象的需求等，比如产品的性能、设计及制造成本、个性化的造型等。所以产品在概念设计、详细设计、工艺设计、生产设计、销售、售后服务等过程中，需预先考虑设计、制造、工艺、生产、销售、售后服务等相关问题。

企业应建立基于并行工程开发的产品全生命周期管理，对产品的设计及相关过程进行科学、系统的管理。智能研发体系要求产品研发工程师在设计之初就要考虑产品概念阶段到产品应用报废过程中的所有因素，在产品整个生命周期都需要关注这些因素，包含用户诉求、产品质量、制造成本、产品升级等。在产品研发阶段，建立多职能协同作用的项目组织，组织成员包含内外部人员，使用并行工具让所有研发人员在设计之初就获得对待开发产品的要求和信息，开始研究涉及职能工作相关业务，对需求深度了解，让很多问题在研发之初就得以解决，保证产品设计的质量，避免大量的返工而造成浪费。

大量的实践证明，集成且并行的产品设计及过程的智能研发可以快速响应市场，有效缩短产品研发周期，使整个研发流程管理透明规范，产品的应用功能更贴合客户需求，提升产品质量，消除和降低产品缺陷，适应柔性生产，并建立跨组织的共享研发平台，使客户、制造商、供应商协同研发，降低研发成本，提升企业产品竞争能力。

2. 企业资源计划

企业资源计划（Enterprise Resource Planning，ERP）是企业运营管理的核心系统，其将内外部的信息流、物流、资金流进行集成整合管理，快速适应市场和经营环境的变化，为企业运营决策提供实时信息。ERP 借助于严谨的内部控制功能，在库存周转天数降低、物料与计划的协调性、需求与能力的匹配、物与资金的集成、提供准确及时的财务报表、运营管理报表等方面的优势尤其明显，图 6-3 为 ERP 系统功能图。

3. 供应链管理

供应链管理（Supply Chain Management，SCM）包括如下内容。

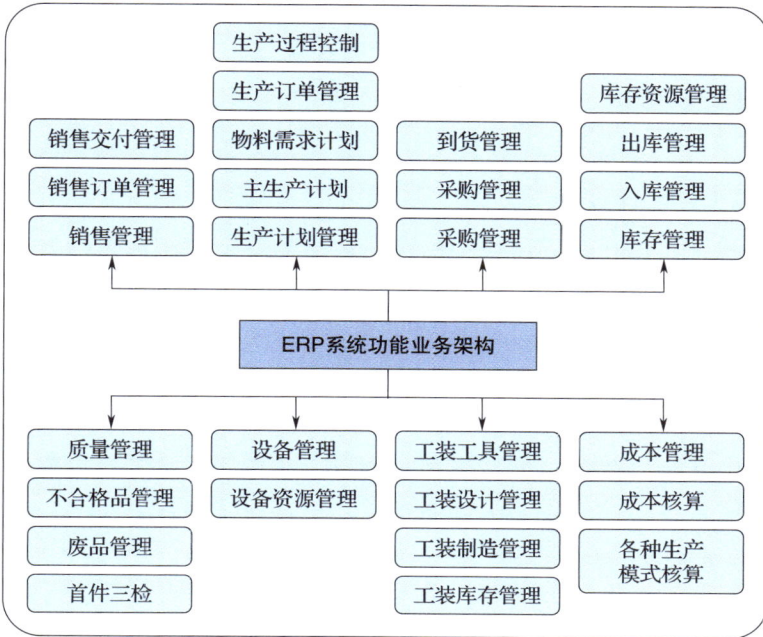

图 6-3　ERP 系统功能图

（1）供应商管理

建立供应商基础档案，包含公司名称、简称、地址、联系电话、网站、企业法人、联系人、公司基本情况（包括成立日期、注册资本、营业额、银行账号、人力资源状况、设备状况、主要产品、原材料主要供应商及主要客户等）。

（2）采购管理

根据采购申请需求，核算当前库存、采购在途及销售计划，自动生产包括拟采购品的编码、品名、型号规格及数量等信息；实现与供应商企业数据交换技术，实现从采购订单下达、供应商接收确认、交期反馈、入库信息、物流配送到应收应付管理的全程跟踪管理。通过供应链系统实现企业内部计划、采购、仓库、物流及财务等部门协同工作。

（3）运输管理

对营运类型进行维护，包括托运单、作业单、调度单、班车的运力管理及自提单的生成等管理；支持通过系统网络给自有车队、运输商发送运输指令；维护计费模板，可以根据配送方式和运输路线自动生成费用清单；根据不同的配送方式和线路自动生成费用清单；支持对运费的结算。

（4）销售管理

具有客户管理功能，对客户进行分类管理，自定义业务员分区管理和客户管理授权功能。

（5）物料需求计划管理

进行物料需求协同管理，根据生产计划生成物料需求计划和物料采购计划，通过系统与供应商进行正反向协同管理。

（6）仓库管理

智能指定存放和拣货库位，有效防错，提高作业效率；对业务流程标准化管理，对收料、入库、出库、发货、库存管理、盘点、移库、调拨等规范化管理；提供实时的检索查询功能，实时掌握库存状况；与软硬件通过接口对接，自动识别，自动采集，自动执行。

（7）财务管理

可以对总账、明细分类账、现金日记账、银行日记账等会计账户进行实时管理，可以生成资产负债表、利润表、现金流表等财务报表，为供应链决策提供数据参考。

4. 移动 APP 管理

智能制造移动应用（Application，APP）服务是针对各个层面的业务的应用程序服务，也就是对移动端如手机、iPad 等工具的应用服务。移动 APP 管理本身具有随时随身性和互动性，又可以整合 LBS、AR、QR 等智能制造各层级系统。通过对各层面的业务数据实时查询，精准推送，使所有业务指标都处于实时监控之中，方便各级管理人员和业务负责人实时了解业务状况，出现异常能够即时反馈、分析、处理，提升企业运营效率，降低运营成本。

6.1.3 基于工业大数据的智能决策模型

大数据的应用是智能制造的核心推动力。图 6-4 和图 6-5 是工业大数据的应用场景和处理流程。

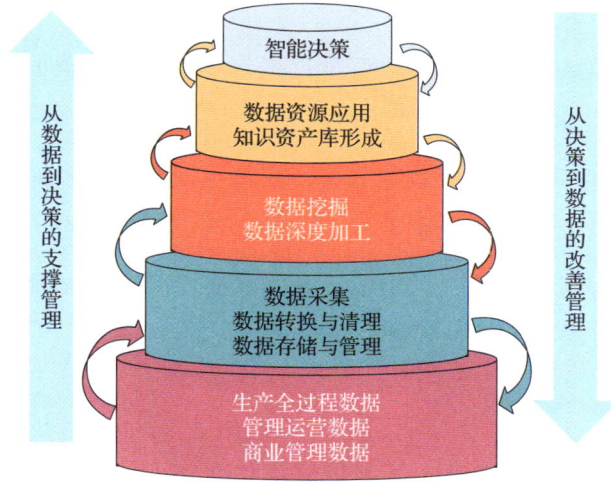

图 6-4　工业大数据的应用场景

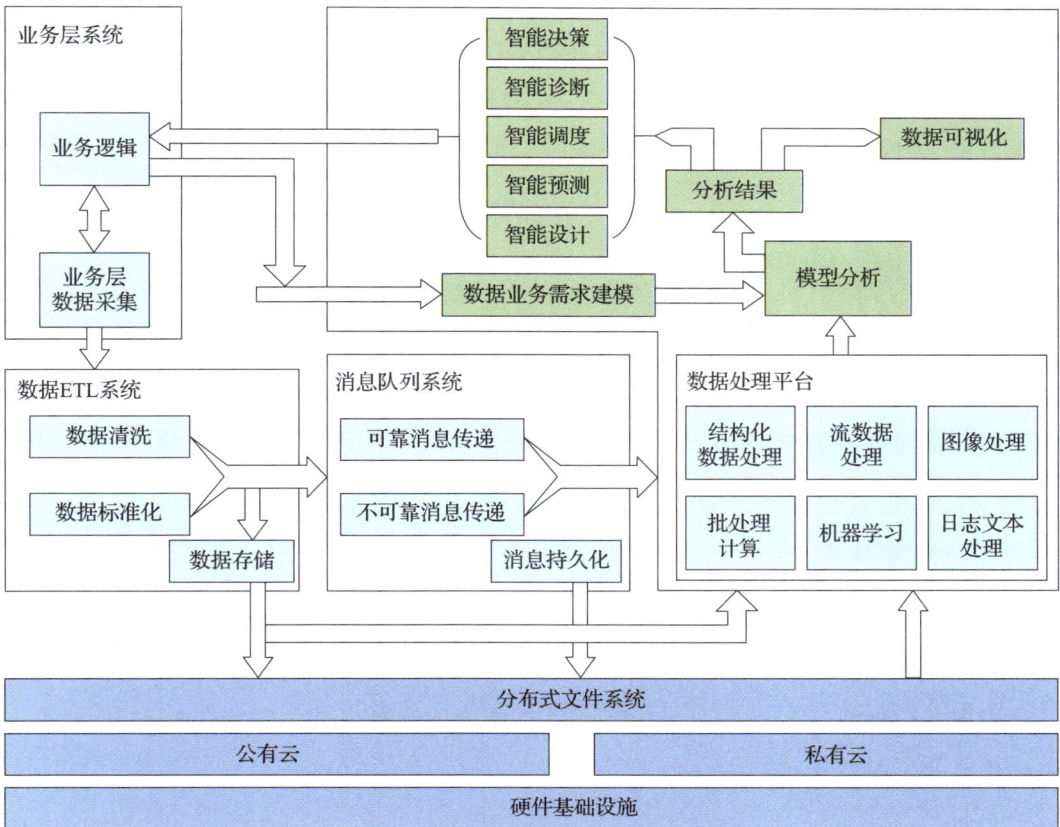

图 6-5　工业大数据的处理流程

1. 数据采集

通过分布式部署的服务器完成生产全过程数据、经营管理数据、商业管理数据等大量数据的实时采集，实现快速数据解析、转化与装载并进行数据整合。支持数据采集点的地理分布和网络跨域数据采集，支持不同系统、不同数据类型的数据采集，支持数据采集实时性，不影响系统的正常运行。可以通过以下方式进行数据采集：终端手工输入、设备连线、子系统服务器数据、传感器数据、条码/RFID/CCD数据、社交网络交互数据、移动互联网数据等。

2. 数据存储

使用分布式文件系统（DFS）实现能效优化存储、计算融入存储、去冗余的大数据存储技术。通过建立相应的数据库，对数据进行存储，并可以进行管理和调用；解决非结构化、半结构化、复杂结构化大数据的管理与处理；解决大数据的存储、表示、处理，以及可靠性、有效传输等问题；实现分布式非关系型大数据管理与处理，大数据索引技术，大数据转移/备份/复制技术，对异构数据的融合技术，数据建模技术，数据组织技术和可视化技术。

3. 数据库管理

（1）数据库云化

建立数据库集群部署模式，实现数据库云化，数据实例可以部署到物理服务器，也可以部署到虚拟服务器，根据业务需求为虚拟机分配合适的 CPU 和内存资源，实例之间不需要共享存储资源，由主节点监控各从节点的运行状态，在用户端请求读写时，由主节点调度合适的从节点，响应需求。

（2）数据计算

实现内存计算：通过 CPU 直接从内存读取数据进行计算，通过内存计算，对传统数据处理进行加速，实现大数据的快速访问和计算。

实现并行计算：实现各个指定节点计算能力的充分发挥，实现 TB/PB 级数据分析秒级响应，最终实现并行计算。

实现库内计算：支持所有专业统计函数设定及应用，由大数据分析引擎指定最优化的计算方式，将计算量大、费用较高的计算在数据存储的位置直接进行计算，保证数据分析的高性能，减少数据移动，降低通信负担。

4. 数据分析和挖掘

建立从局部到全局、从建模到决策的层级化数据分析，挖掘数据中隐藏的内在规律，形成可视化图表，预测和分析未知错误和潜在问题。同时需注重企业内部数据与外部行业数据相结合，挖掘内部或外部数据间的相互关系，内部数据与外部数据的关系和差异；实现数据质量和数据管理、预测性分析、可视化分析、挖掘算法高处理量和处理速度、管理语义翻译等功能。对已有数据挖掘技术和机器学习技术进行改进，提升挖掘技术、特异群组技术、网络技术、图技术等，通过大数据融合技术实现数据连接（包括相似性连接）、过程分析、行为分析、管理语义分析等大数据挖掘技术。

5. 数据定制

具有高效、完善、安全、经济的数据定制服务，实现个性化数据定制管理。

6. 数据资源应用

对海量制造数据中的信息进行挖掘，为智能制造体系的运行和智能制造管理提供依据，从而提高各个模型的运行效率；通过数据资源，形成企业内外部管理互通，增强协同创新能力，打造企业新型能力。

7. 企业绩效管理

对海量制造数据中的信息进行挖掘，为智能制造体系的运行和智能制造管理提供依据，从而提高各个模型的运行效率；通过数据资源，形成企业内外部管理互通，增强协同创新能力，打造企业新型能力。

6.1.4 基于产品和服务的智能商业模型

智能服务的诉求推动了智能产品的发展，智能服务的结果为智能产品升级提供参考依据，图 6-6 是对基于产品和服务的智能商业模型的描述。

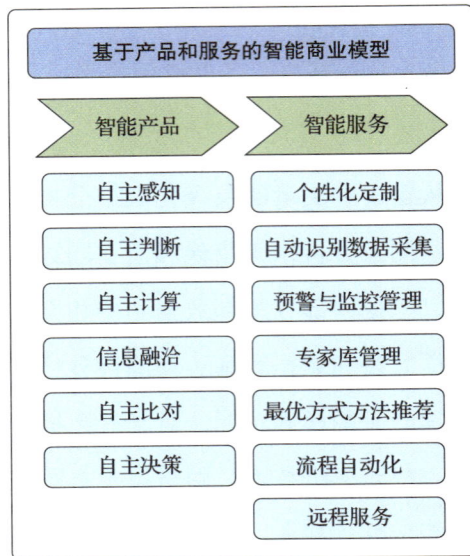

图 6-6 基于产品和服务的智能商业模型

1. 智能产品

智能产品综合软件技术、硬件技术、识别传感技术、自动化控制技术等进行自主感知、自主计算、自主分析判断对比，实现自主决策，用复杂的过程代替人脑和动作进行工作，辅助人们做出决策。

穿戴智能产品是人类的智能化延伸，通过这些设备，人类可以更好地感知外部与自身的信息，能够在计算机、网络甚至其他人的辅助下更为高效率地处理信息，能够实现更为无缝的交流。

无人驾驶汽车从被动驾驶变为主动驾驶，通过车载的各种传感系统感知周边环境，实时获得道路、汽车位置和障碍物信息，用系统控制实现自动规划行车路线、控制车辆的转向和速度，并控制车辆安全到达目的地。

智能家居产品通过系统控制，将计算机技术、网络通信技术、传感技术及自动控制技术等进行综合管理，实现安全防范、居家办公、电器的智能以及远程控制和程序升级等服务。

2. 智能服务

智能服务是根据用户的需求进行主动服务，即采集用户的原始信息，进行后台积累，构建需求结构模型，进行数据加工挖掘和商业智能分析，包括用户的系统、偏好等需求，通过分析和挖掘与时间、空间、身份、生活、工作状态相关的需求，主动推送客户需求的精准高效的服务。除了传递和反馈数据，系统还需进行多维度、多频次、多层次的感知，以及主动、深入的辨识。

遵守法律法规，通过端到端的安全技术实现对用户信息的保护，实现高安全性能，才能使用户对服务建立信任，并进行持续的消费和服务的升级。

建立智能服务体系时须考量经济性和节能环保，最大程度节能降耗，降低运营成本；使用户可以获得个性化服务，也为运营者带来更高的经济和社会价值。

▶ 微课 34   ▶ 微课 35

6.2 智能制造应用案例

6.2.1 青岛红领集团

青岛红领集团依托大数据技术，在全球范围内领先实现西装的大规模个性化定制，生产模式从规模化量产转变为更加聚焦消费者的模式。红领集团的个性化定制流程遵循 C2M 模式，其提供的定制化平台采集消费者需求，获取个性化信息数据，通过数据驱动整个生产制造流程，在智能工厂中完成产品的自动设计、个性化制造等环节，合格的个性化产品通过智能物流最终被交付到客户手中。

如图 6-7 所示，消费者在手机 APP 上自行定制服装细节，既可以在此平台上进行自主个性化设计（如领型、口袋、面料、里料、拼接等），又可以选择时尚成衣版型和添加个性化元素（如个性刺绣、个人品牌等），真正做到满足不同类型消费者的个性化需求。这些个性化需求将统一传输到后台数据库中，形成数字模型，由计算机完成打版，随后分解成一道道独立工序，通过控制面板及时下达给相关车间内流水线上的工人。

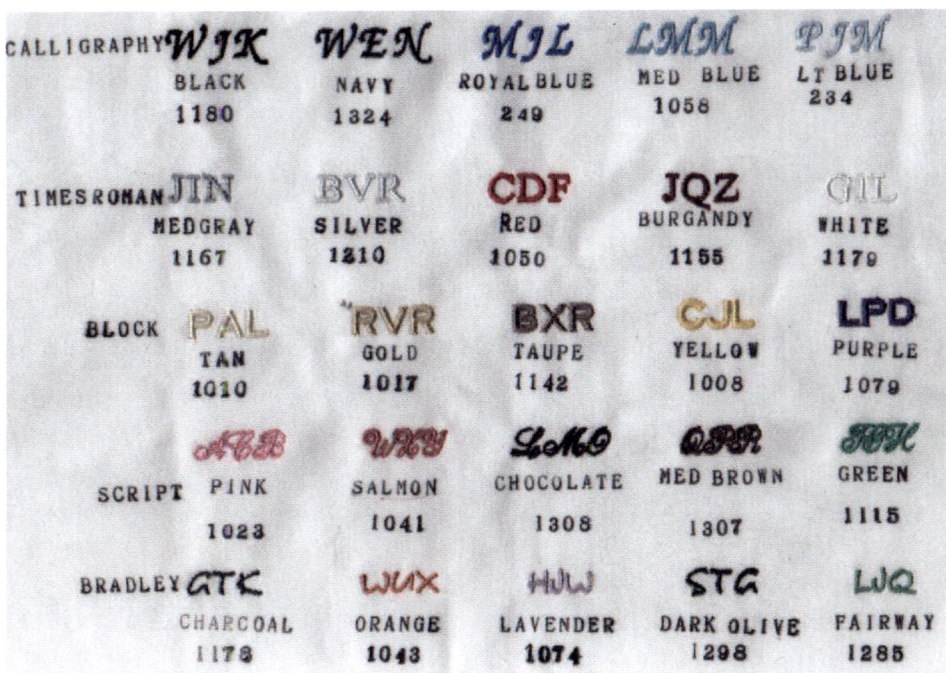

图 6-7　多样化的刺绣形式

　　结合线下测量，设计师采集消费者人体 18 个部位的 22 项数据，如图 6-8 所示。将这些关键数据与版型数据库相匹配，获得成衣的设计数据，便可以完成制作服务全过程。同时，为更好地满足消费者的需求，针对消费者模糊的需求信息，系统能够向客户提出建议，根据客户已经填好的资料生成最合适的搭配方案，并通过网页给客户展示一个 3D 模型。顾客可以在 3D 模型上细致地观察款式颜色、细节设计和布料材质等。通过这一标准化的客户信息采集方法，红领集团能够通过数据建模实时实现"一人一版"，在所有细节上实现个性化定制。

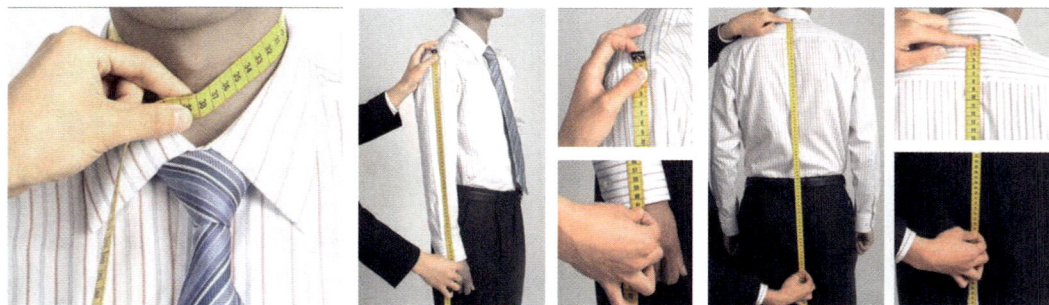

图 6-8　设计师线下测量

数据中心通过与其他系统的协同设计，将个性化信息转变为标准化信息，信息会传输到布料准备部门，使其按照订单要求准备布料。裁剪会按照要求进行裁剪，裁剪后的大小不一、色彩各异的布片根据西装的工艺要求（例如领子线、面料、夹里、袖子等）分为 6 部分，每部分均会配挂一个 RFID 电子标签（注明工艺要求），并会随着布料分别进入对应的吊挂流水线，如图 6-9 所示。

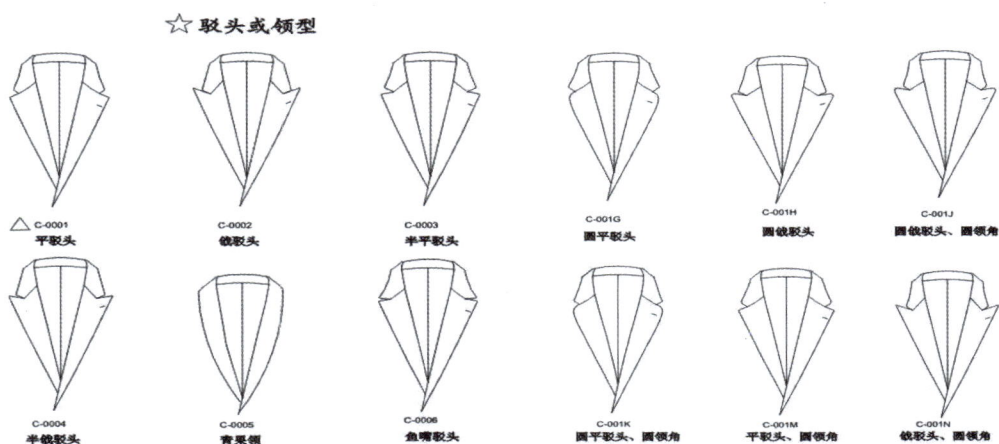

图 6-9　多样化的工艺选择

布料上的标签随流水线被传送，每一个工位都有专用计算机读取 RFID 电子标签上的制作标准信息，流水线上员工根据该信息完成制作。当员工刷卡时，系统就可以监控工艺流转的位置，清晰地知道生产进度。在一道工序完成后，计算机会进行标识，半成品传送到下一工序。在最后的组合环节中，电子标签会在成衣完成后统一为一张 RFID 卡，并随成衣进入到熨烫整理检验环节，最终入库。

6.2.2　圣龙股份全业务链数字化

宁波圣龙汽车动力系统股份有限公司（以下简称"圣龙股份"）是国际知名的汽车动力系统解决方案提供商。圣龙股份以企业战略一致性模型为指导，实现公司的决策管控一体化平台与企业战略、业务战略相匹配，与 IT 架构相支撑，全力推动企业的数字化转型，如图 6-10 所示。

1）信息孤岛智能销售：满足 MMOG 要求下主机厂供应链一体化联动要求。

圣龙股份建立与其核心主机厂客户长安福特和其他厂商的 EDI 集成接口；建立客户 BOM，根据客户需求直接拆解成圣龙具体销售计划；建立销售执行情况分析、货款跟踪、未结算分析报表等系统；建立主机厂寄售仓调拨及全局库存管理系统；建立汽配行业寄售模式下的快速对账与结算管理系统，通过报表可以查看每一种产品的寄售情况。

2）智能供应：满足 MMOG、QCA 要求下的产业一体化联动。

全面的供应商协同平台：信息协同、订单协同、交货协同、库存协同、对账协同、开票协同、条码协同等；采购合同、订单全过程跟踪；多维度采购价格定义及价格分析；双经销业务及委外业务出入库用量核销；供应商管理，从而满足产业一体化联动。

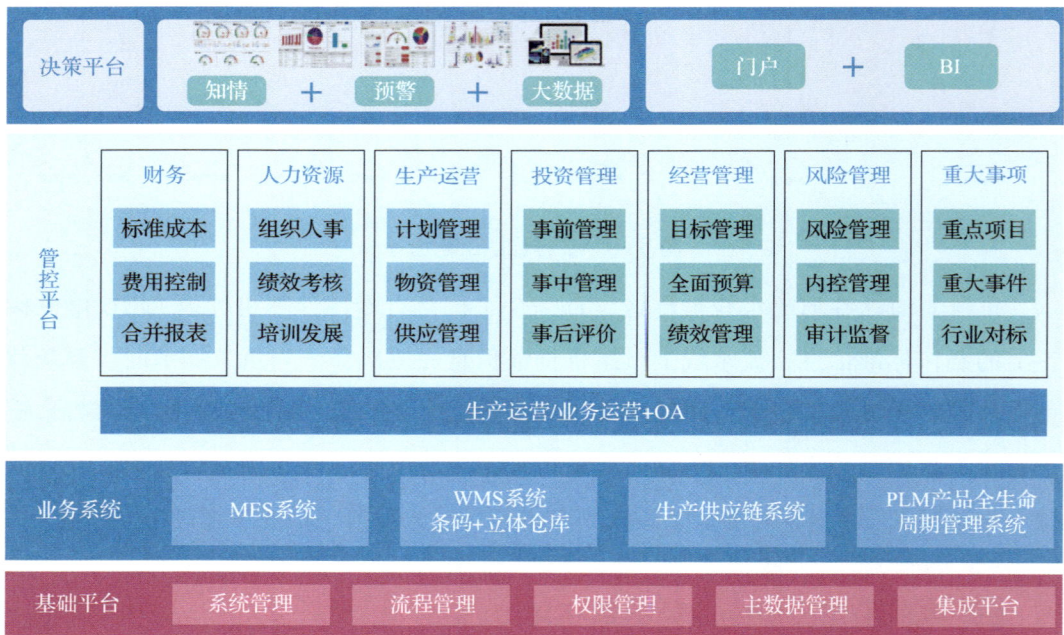

图 6-10　圣龙股份数字化转型方案设计

3）智能设计：研产一体化平台 PLM+ERP+MES。

打通 PLM、ERP、MES 等平台，通过 PLM 文档、物料、设计等管理，将用户需求快速转换成生产所识别的物料、工艺等信息，缩短研发周期；通过 PLM 和星空 ERP 的数据和流程连接，可以缩短企业采购周期，提升企业的采购准确率，进而整体缩短生产周期，并提升客户满意度。

4）智能生产：智能系统＋智能终端，实现对"人机料法环测"六要素管控。

智能生产包括生产实时监控和虚拟仿真平台，其智能生产流程图如图 6-11 所示。

图 6-11　智能生产流程图

5）智能物流：打通供应商与产线的端到端物流与信息流的通道。

智能物流包括生产计划驱动供货，避免物资堆积；供应商直送 VMI 仓，减少企业仓储、物流成本；条码、RFID 扫描作业；看板备料、发料，差缺件预警，与产线协调保障生产；立体仓库、智能亮灯拣货；AGV 小车搬运并配送至工位。

6）智能品控：全流程质量管理，智能检验与判定，轻松实现过程品控与质量追溯。

支持追溯方向的随时切换，可从父项溯源追查子项，也可以切换至从子项去向追查父项。通过全流程质量管理，智能检验与判定，轻松实现过程品控与质量追溯。大量减少工作量，同时提升了客户的满意度，如图 6-12 所示。

图 6-12　智能品控流程图

思考与练习

【单选题】

1.（　　　）可实现能效优化存储、计算融入存储和去冗余的大数据存储技术。

　　A. 使用分布式文件系统（DFS）　　　B. 建立相应的数据库

　　C. 大数据索引技术　　　　　　　　D. 大数据转移/备份/复制技术

2. 智能制造管理的主体不包括（　　　）。

　　A. 高层管理者　　　　　　　　　　B. 中层管理者

　　C. 基层管理者　　　　　　　　　　D. 基层作业人员

3. 在智能工厂中，负责统一管控产品研发和制造设备的是（　　　）。

　　A. 管理层　　　　B. 企业层　　　　C. 现场层　　　　D. 操作层

【多选题】

1. 智能制造应用模型可以分为（　　　）。

　　A. 智能生产模型　　　　　　　　　B. 运行管理模型

　　C. 智能决策模型　　　　　　　　　D. 智能商业模型

2. 数据计算包括（　　　）。

　　A. 实现内存计算　　　　　　　　　B. 实现并行计算

　　C. 实现库内计算　　　　　　　　　D. 实现数据库云化

【填空题】

1. 智能车间由_____、_____、_____以及_____构成。

2. 以 BOM 和流程管理为核心的智能运营管理模型包括_____、_____、_____、_____以及_____。

3. 供应链管理包括_____、_____、_____、_____、_____以及_____。

【名词解释】

1. 智能工序

2. 智能服务

3. 智能制造移动应用服务

【简答题】

1. 研发智能制造装备有什么意义？

2. 目前国内智能工厂的发展状况如何？

3. 未来智能制造的发展方向是什么？

参 考 文 献

［1］任长春，舒平生. 智能制造概论［M］. 北京：机械工业出版社，2021.

［2］陈明，张光新，向宏. 智能制造导论［M］. 北京：机械工业出版社，2021.

［3］范君艳，樊江玲. 智能制造技术概论［M］. 武汉：华中科技大学出版社，2019.

［4］申彩英，朱思瑶，黄兴驰. 双目视觉的智能汽车目标检测算法研究［J］. 重庆理工大学学报（自然科学），2023（11）：1-8.

［5］袁航. C2M商业模式在传统企业的应用研究［J］. 商业研究，2017（14）：45-46.

［6］姜丽丽. 红领集团C2M"个性化定制"模式研究［J］. 经贸实践，2018：340.

［7］侯成凯，徐欣. 轨道交通车辆牵引系统智能运维研究［J］. 工业仪表与自动化装置，2023（05）：107-111.

［8］付晶，谈家英，周立玮，等. 输电线路无人机巡检图像缺陷智能识别方法分析［J］. 高电压技术，2023，49（S1）：103-110.

［9］张伟，王均. 人工智能技术在电气自动化控制中的运用探讨［J］. 信息系统工程，2023（09）：67-70.

［10］田海波，王炳龙. 智能控制技术在自动化系统中的应用［J］. 集成电路应用，2023，40（09）：152-153.

［11］史国华，林焕翔，杨连生. "中国制造"转向"中国智造"：数字化赋能大学生工程实践能力培养改革创新［J］. 科技管理研究，2023，43（11）：127-134.

［12］潘海军，江鹏，王知鸷. 中国制造2025视域下地方高校"智能材料"课程人才培养模式探究［J］. 黑龙江教育（理论与实践），2022（12）：29-31.

［13］何慧霞，魏桂英，武森，等. 智能制造评价理论研究现状及未来展望［J］. 中国工程科学，2022，24（02）：56-63.